シリーズ
知能機械工学 5

インターネット工学

原山　美知子　著

共立出版

「シリーズ 知能機械工学」

　「知能機械工学」は，機械・電気電子・情報を統合した新しい学問領域です．知能機械の代表として，ロボット，自動車，飛行機，人工衛星，エレベータ，エアコン，DVDなどがあります．これらは，ハードウェア設計の基礎となる機械工学，制御装置を構成する電子回路やコンピュータなどの電気電子工学，知能処理や通信を担う情報工学を統合してはじめて作ることができるものです．欧州では知能機械工学に関連する学科にメカトロニクス学科が多くあります．このメカトロニクスという名称は，1960年代に始まった機械と電気電子を統合する"機電一体化"の概念が発展して1980年代に日本で作られた言葉です．その後，これに情報が統合され知能機械工学が生まれました．近年では，環境と人にやさしいことが知能機械の課題となっています．

　本シリーズは，知能機械工学における情報工学，制御工学，シミュレーション工学，ロボット工学などの基礎的な科目を，学生に分かりやすく記述した教科書を目標としています．本シリーズが学生の勉学意欲を高め，知能機械工学の理解と発展に貢献できることを期待しています．

編集委員

代表　川﨑　晴久　（岐阜大学）
　　　谷　　和男　（元岐阜大学）
　　　原山美知子　（岐阜大学）
　　　毛利　哲也　（岐阜大学）
　　　矢野　賢一　（三重大学）
　　　山田　宏尚　（岐阜大学）
　　　山本　秀彦　（岐阜大学）
　　　　　　　　　（五十音順）

序　文

　インターネットは，情報流通のインフラとして人々の社会活動を支えている世界的なコンピュータネットワークです．本書は，インターネットの運用や開発を目指す学生やインターネットを学びたい人向けに書いた入門書です．

　ネットや雑誌にはインターネットの通信技術の情報がたくさんありますが，インターネットは，ケーブルや無線，コンピュータのハードウェアからソフトウェアまで広い範囲をカバーしているため，それぞれの情報が断片的になりがちです．また，ネットや雑誌の情報は早いですが，インターネット関連の技術が次々と進化していくため，古い情報と新しい情報が混在しています．皆の注意を集めるために表現がわかりにくくなっている場合もよくあります．インターネットの技術者は，その中から常に目的にかなった有用な情報をすばやく取り入れていかなければなりません．そのためには，全体の構造と基本的な技術を把握している必要があります．そこで本書ではインターネットおよびインターネット通信技術の全体像を学習者が把握することを主な目的にしています．

　まず，本書で勉強する前に，コンピュータ，情報処理，デジタル通信の基礎を学んでおいてください．本書は4部15章で構成されています．第Ⅰ部では，まずインターネットの概要，ネットワークとしてのインターネットの構造を学びます．次に通信の基礎としてパケット通信と通信速度，コンピュータ通信のモデルであるOSI参照モデルについて学びます．第Ⅱ部のデータリンク通信では，直接接続された機器の間でデータを送受信する技術について取り上げ，イーサネット技術について学びます．第Ⅲ部で学ぶホスト間通信は，インターネット通信の核となる技術で，TCP/IPプロトコルの解説が中心になります．さらに第Ⅳ部では，ユーザーにインターネットの機能を提供するインターネットサービスについて学びます．ここでは，インターネットサービスに関するTCP/IPプロトコルだけでなく，前提となるシステム，動作，時代とともに付加された機能についても学びます．

各章とも用語がたくさん出てきますので学びにくいかも知れません．そこで，目次で内容の位置付けを確認してから学んでいくとよいでしょう．また，各ページの図だけを眺めて面白そうなところ，少し知っているところから読んでいく方法もあるでしょう．章末課題には主に本書とPCとネット環境でできるものをあげ，環境準備が必要なものは研究課題としました．章末課題をみて学ぶべき用語をおさえてから本文に進むのもよいでしょう．コマンドを使ったり関連サイトを訪問したりすると理解が深まるでしょう．ネットの情報検索も活用してください．なお，変わった読み方の用語は索引で一覧できます．

　本書で概要をつかんだ後は，目的を定めてさらに学んでいくことを奨めます．第Ⅱ部ではケーブルや無線による信号伝送の内容が入ってきますので，詳しく学びたい人はデジタル伝送，光通信，無線通信について勉強していくとよいでしょう．実践的にはスイッチングハブやルーターなど通信機器のOSについて学ぶ必要があります．また，ネットワークを管理するには通信機器だけでなくコンピュータのシステム管理の技術が必要です．第Ⅲ，Ⅳ部についてはTCP/IPプロトコルについて詳しく学ぶとともに，実践的にはUNIXを中心としたコンピュータのOSのシステム管理について学ぶとよいでしょう．

　電子メールのようなインターネットサービスを提供するネットワークアプリケーションを作成したい人は，プログラミング，プログラム開発，そしてソケットプログラミングを勉強してください．さらに，TCP/IPの通信方式を研究し新しいプロトコルの開発を目指す人は，TCP/IP各プロトコルの詳細やOSでの実装を学んでいくとよいでしょう．なお，インターネット通信ではセキュリティの確保が必須です．そこで，情報セキュリティについて併せて学ぶことを強く奨めます．皆さんが将来さまざまな場面でインターネット技術に貢献していくことを願っています．

　なお，本書をまとめるにあたり，岐阜大学工学部川﨑晴久先生，成田良一氏，田中昌二氏，林亨誠氏，鷲見裕子様，ならびに共立出版(株)の瀬水勝良様には大変お世話になりました．ここに感謝の意を表します．

2014年10月

原山 美知子

目　　次

第Ⅰ部　インターネットと通信

第1章　インターネットの概要

1.1　インターネットサービス　…………………………………………………… *2*
1.2　ネットワークアプリケーションとOS　……………………………………… *3*
1.3　インターネットへの接続　…………………………………………………… *6*
1.4　通信プロトコル　……………………………………………………………… *7*
1.5　インターネットの成立と発展　……………………………………………… *9*
1.6　通信プロトコルとパラメータの管理　……………………………………… *12*
　　　1章の課題　………………………………………………………………… *14*

第2章　ネットワークの構造

2.1　ネットワークの構成装置　…………………………………………………… *16*
　　　2.1.1　ネットワークの基本構造　……………………………………… *16*
　　　2.1.2　ホストとNIC　…………………………………………………… *17*
　　　2.1.3　データ転送装置　………………………………………………… *18*
　　　2.1.4　リピーター　……………………………………………………… *20*
2.2　ネットワークの構造　………………………………………………………… *21*
　　　2.2.1　ネットワークトポロジー　……………………………………… *21*
　　　2.2.2　ネットワークエリアのサイズ　………………………………… *23*
2.3　インターネットの構造　……………………………………………………… *24*
　　　2.3.1　ネットワークの接続　…………………………………………… *24*
　　　2.3.2　WANとLANの接続　…………………………………………… *25*
　　　2.3.3　ASとIX　………………………………………………………… *26*
　　　2章の課題　………………………………………………………………… *27*

第3章　インターネット通信の基礎

3.1　データリンク通信とホスト間通信　………………………………………… *28*
3.2　アドレスと通信の宛先　……………………………………………………… *29*

3.2.1　アドレス …………………………………………………………… *29*
　　　3.2.2　通信の宛先 ………………………………………………………… *30*
3.3　通信パケットとパケットの配送 ……………………………………………… *31*
　　　3.3.1　通信パケットの構造 ……………………………………………… *31*
　　　3.3.2　通信パケットの配送 ……………………………………………… *32*
　　　3.3.3　コネクション型通信とコネクションレス型通信 ……………… *34*
3.4　通信制御 ………………………………………………………………………… *35*
3.5　通信速度 ………………………………………………………………………… *36*
　　　3.5.1　定義と単位 ………………………………………………………… *36*
　　　3.5.2　データ配送とストリーミング通信 ……………………………… *37*
　　　3.5.3　通信のスループット ……………………………………………… *38*
　　　3.5.4　通信帯域 …………………………………………………………… *39*
　　　3章の課題 ………………………………………………………………… *41*

第4章　通信のモデル

4.1　コンピュータ通信のモデル ………………………………………………… *42*
4.2　OSI参照モデル ………………………………………………………………… *44*
　　　4.2.1　OSI参照モデルの構造 …………………………………………… *44*
　　　4.2.2　各層の役割 ………………………………………………………… *45*
　　　4.2.3　主な通信プロトコル ……………………………………………… *46*
4.3　OSI参照モデルとパケット通信 ……………………………………………… *47*
　　　4章の課題 ………………………………………………………………… *50*

第Ⅱ部　データリンク通信

第5章　データリンク通信の基礎

5.1　データリンク通信の要素 ……………………………………………………… *52*
　　　5.1.1　データリンクの基本構造 ………………………………………… *53*
　　　5.1.2　MACアドレス ……………………………………………………… *54*
　　　5.1.3　フレームの構造 …………………………………………………… *55*
　　　5.1.4　通信媒体と信号 …………………………………………………… *56*
5.2　フレームの配送 ………………………………………………………………… *57*
　　　5.2.1　プリアンブル ……………………………………………………… *57*
　　　5.2.2　最大転送単位 ……………………………………………………… *57*

　　　　5.2.3　全二重通信 …………………………………………… *58*
5.3　データリンク通信の通信制御 ……………………………………… *59*
　　　　5.3.1　通信制御 ……………………………………………… *59*
　　　　5.3.2　誤り制御と誤り訂正符号 …………………………… *59*
　　　　5.3.3　情報媒体の共有とコリジョン ……………………… *61*
　　5 章の課題 ……………………………………………………………… *63*

第 6 章　ケーブルデータリンク

6.1　ケーブルデータリンク ……………………………………………… *64*
　　　　6.1.1　Ethernet と IEEE 802.2/3 Ethernet ………………… *64*
　　　　6.1.2　フレームフォーマット ……………………………… *65*
　　　　6.1.3　ケーブルイーサネットの種類 ……………………… *66*
6.2　ケーブルと信号 ……………………………………………………… *67*
　　　　6.2.1　ツイストペアケーブル ……………………………… *67*
　　　　6.2.2　光ケーブル …………………………………………… *68*
　　　　6.2.3　ベースバンド伝送 …………………………………… *69*
6.3　スイッチングハブ …………………………………………………… *70*
　　　　6.3.1　スイッチングハブのフレーム転送 ………………… *70*
　　　　6.3.2　スイッチングハブの通信制御 ……………………… *71*
　　　　6.3.3　スパニングツリー …………………………………… *72*
　　　　6.3.4　VLAN ………………………………………………… *73*
　　6 章の課題 ……………………………………………………………… *74*

第 7 章　無線データリンク

7.1　無線通信 ……………………………………………………………… *76*
7.2　無線 LAN：IEEE 802.11b/g/a/n/ac ………………………………… *79*
7.3　無線信号の伝送 ……………………………………………………… *81*
　　　　7.3.1　搬送波 ………………………………………………… *81*
　　　　7.3.2　一次変調 ……………………………………………… *82*
　　　　7.3.3　多重化 ………………………………………………… *83*
7.4　フレームの配送 ……………………………………………………… *84*
　　　　7.4.1　CSMA/CA …………………………………………… *84*
　　　　7.4.2　隠れ端末問題とさらし端末問題 …………………… *85*
　　7 章の課題 ……………………………………………………………… *86*

第Ⅲ部　ホスト間通信

第8章　ホスト間通信とIPアドレス

- 8.1 ホスト間通信の概要 …………………………………………… 88
- 8.2 IPアドレスの基礎 ……………………………………………… 90
  - 8.2.1 IPアドレスの役割 ………………………………… 90
  - 8.2.2 IPアドレスの構造と表記 ………………………… 91
  - 8.2.3 グローバルIPアドレスとプライベートIPアドレス …………… 92
  - 8.2.4 ネットワークとIPアドレス ……………………… 93
- 8.3 IPアドレスとクラス …………………………………………… 94
  - 8.3.1 クラスアドレスの体系 …………………………… 94
  - 8.3.2 クラスレスアドレス ……………………………… 95
- 8.4 IPアドレスとサブネット ……………………………………… 96
  - 8.4.1 サブネットのIPアドレス ………………………… 96
  - 8.4.2 サブネットマスク ………………………………… 97
  - 8.4.3 ブロードキャストアドレス ……………………… 98
- 8.5 ホストのネットワーク設定 …………………………………… 99
  - 8章の課題 …………………………………………………… 100

第9章　IPパケットの配送

- 9.1 IPパケットと配送の概要 ……………………………………… 102
  - 9.1.1 IPパケットの構造 ………………………………… 102
  - 9.1.2 IPパケットの配送 ………………………………… 104
  - 9.1.3 ルーターと経路選択 ……………………………… 106
- 9.2 MACアドレス解決：ARP ……………………………………… 107
- 9.3 配送状況の通知：ICMP ………………………………………… 108
- 9.4 IPフラグメンテーションと経路MTU探索 …………………… 110
- 9.5 アプリケーションへの配送 …………………………………… 112
  - 9.5.1 ポート番号の役割 ………………………………… 112
  - 9.5.2 ウェルノウンポート ……………………………… 114
  - 9章の課題 …………………………………………………… 115

目　　次　　ix

第10章　ホスト間通信の通信制御

10.1　トランスポート層と通信制御 …………………………………………… *116*
　　10.1.1　トランスポート層の役割 ……………………………………… *116*
　　10.1.2　TCP と UDP ……………………………………………………… *118*
　　10.1.3　TCP ヘッダーのフォーマット ………………………………… *119*
10.2　TCP の通信制御 …………………………………………………………… *120*
　　10.2.1　コネクションの確立と切断 …………………………………… *120*
　　10.2.2　分割送信と確認応答 …………………………………………… *121*
　　10.2.3　通信速度の制御 ………………………………………………… *122*
10.3　パケットロスと再送 ……………………………………………………… *123*
　　10.3.1　パケットロス …………………………………………………… *123*
　　10.3.2　再送タイムアウトの計測 ……………………………………… *124*
　　10.3.3　ウィンドウ制御とパケットの再送 …………………………… *125*
10.4　フロー制御とふくそう制御 ……………………………………………… *126*
　　10.4.1　フロー制御 ……………………………………………………… *126*
　　10.4.2　ふくそう制御 …………………………………………………… *127*
　　10章の課題 ……………………………………………………………… *128*

第11章　ルーティング

11.1　ルーティングの概要 ……………………………………………………… *130*
11.2　AS 内のルーティング：RIP ……………………………………………… *132*
11.3　AS 内のルーティング：OSPF …………………………………………… *136*
11.4　AS 間のルーティング：BGP …………………………………………… *140*
　　11.4.1　AS 間の通信と AS 番号 ………………………………………… *140*
　　11.4.2　BGP ……………………………………………………………… *141*
　　11章の課題 ……………………………………………………………… *142*

第12章　DNS とプライベート LAN

12.1　ホスト間通信を支えるアプリケーションプロトコル ………………… *144*
12.2　DNS ………………………………………………………………………… *145*
　　12.2.1　ホストの名前 …………………………………………………… *145*
　　12.2.2　ドメインとドメイン名 ………………………………………… *146*
　　12.2.3　名前解決システム：DNS ……………………………………… *148*
12.3　プライベート LAN ………………………………………………………… *150*

12.3.1　プライベート IP アドレス ………………………………………… *150*
　　　12.3.2　NAT/NAPT ……………………………………………………… *151*
12.4　パラメータの自動配布 ………………………………………………………… *152*
　　　12.4.1　ホストの設定パラメータ ……………………………………… *152*
　　　12.4.2　DHCP …………………………………………………………… *153*
　　12 章の課題 …………………………………………………………………… *155*

第Ⅳ部　インターネットサービス

第 13 章　遠隔ログインとファイル転送

13.1　インターネットサービスとアプリケーション層プロトコル ……………… *156*
13.2　ネットワークアプリケーション ……………………………………………… *158*
　　　13.2.1　ネットワークアプリケーションの構成 ……………………… *158*
　　　13.2.2　ソケット API とネットワークプログラミング ……………… *159*
13.3　遠隔ログイン …………………………………………………………………… *160*
　　　13.3.1　コンピュータの使用 ……………………………………………… *160*
　　　13.3.2　ユーザー認証とログイン ……………………………………… *161*
　　　13.3.3　コンピュータの遠隔操作 ……………………………………… *162*
　　　13.3.4　遠隔ログイン：SSH …………………………………………… *163*
13.4　ファイル転送 …………………………………………………………………… *164*
　　　13.4.1　コンピュータのファイルシステム …………………………… *164*
　　　13.4.2　ファイル転送：FTP …………………………………………… *165*
　　13 章の課題 …………………………………………………………………… *167*

第 14 章　電子メール

14.1　電子メールサービス …………………………………………………………… *168*
14.2　電子メールの送受信 …………………………………………………………… *170*
　　　14.2.1　電子メールアドレス …………………………………………… *170*
　　　14.2.2　MTA と MUA …………………………………………………… *171*
　　　14.2.3　電子メールの送信：SMTP …………………………………… *172*
　　　14.2.4　メールボックス ………………………………………………… *174*
　　　14.2.5　電子メールのダウンロード：POP …………………………… *175*
14.3　電子メールのデータ …………………………………………………………… *176*
　　　14.3.1　電子メールのフォーマット …………………………………… *176*

14.3.2　電子メールの文字コード……………………………………… *177*
　　　14.3.3　添付ファイル：MIME Multipart ………………………… *178*
14.4　電子メールの管理：IMAP ………………………………………… *181*
　　14 章の課題 ……………………………………………………………… *183*

第 15 章　WWW

15.1　WWW の概要 ………………………………………………………… *184*
15.2　URI とファイルの公開……………………………………………… *186*
　　　15.2.1　URI ……………………………………………………………… *186*
　　　15.2.2　ファイルの公開………………………………………………… *187*
15.3　WWW データの記述 ………………………………………………… *188*
　　　15.3.1　HTML ………………………………………………………… *188*
　　　15.3.2　ファイルの参照とハイパーリンク…………………………… *189*
15.4　WWW 通信：HTTP ………………………………………………… *190*
15.5　WWW とプログラム ………………………………………………… *192*
　　　15.5.1　プラグイン……………………………………………………… *192*
　　　15.5.2　クライアントサイドプログラムとサーバーサイドプログラム… *193*
　　　15.5.3　サーバーサイドプログラム…………………………………… *194*
　　　15.5.4　クライアントサイドプログラム……………………………… *195*
15.6　WWW を利用したインターネットサービスの向上 ……………… *196*
　　　15.6.1　ユーザーデータの保存とクッキー…………………………… *196*
　　　15.6.2　検索エンジン…………………………………………………… *197*
　　　15.6.3　Web メール …………………………………………………… *198*
　　15 章の課題 ……………………………………………………………… *199*

課題略解………………………………………………………………………… *201*
参考図書………………………………………………………………………… *202*
関連サイト……………………………………………………………………… *203*
索　引…………………………………………………………………………… *205*

I インターネットと通信
II データリンク通信
III ホスト間通信
IV インターネットサービス

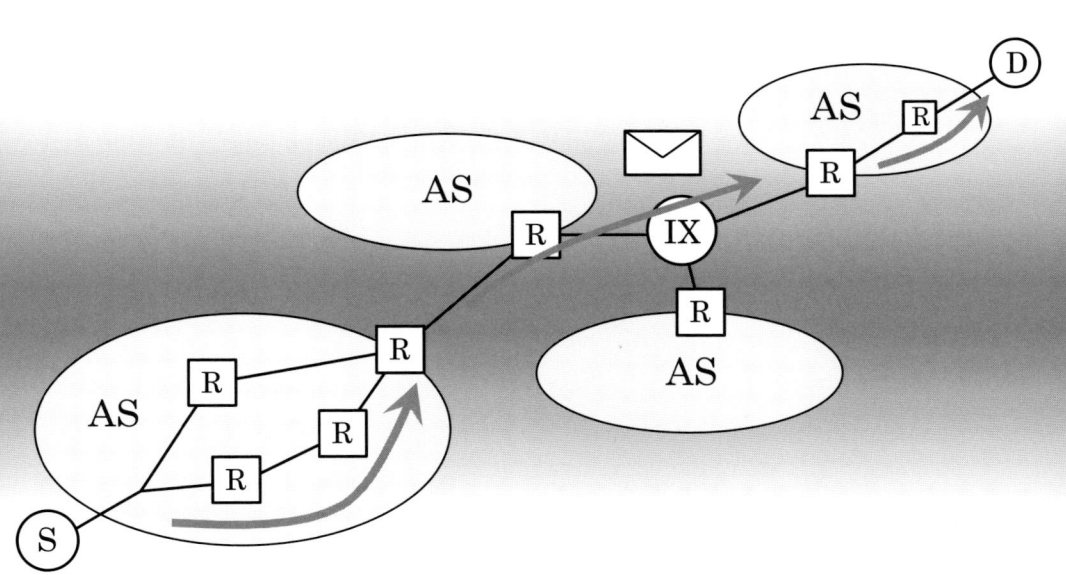

1 インターネットの概要

章の要約

第 I 部ではインターネットとその通信の概要について学ぶ．本章では，インターネット通信とコンピュータの関わり，インターネットへの接続，通信プロトコルについて述べる．また，インターネットの歴史と管理についても触れる．

1.1　インターネットサービス

　私たちは日常的に電子機器を使って生活をしている．ノート PC を使って音楽を聴きながら調べものをし，レポートを書く．スマートフォンでメモを写真にとり，友達にメールを送る．タブレット端末を開いて地図で待合せ場所を調べ，小説を読んで時間をつぶす．これらの電子機器はいわゆるネットに接続されている．ネットに接続していなければ，メッセージ交換や情報の検索はできない．このネットというのは，**インターネット**（Internet）という名の世界中に広がった 1 つのコンピュータネットワークのことである．ネットで提供される機能は**インターネットサービス**と呼ばれている．

　図 1.1 に示すようにインターネットサービスにはこれらの他にもさまざまなものがある．情報検索では，Web ブラウザ（ウェブブラウザ）の情報検索サイトを使ったキーワード検索が中心であるが，ニュースや地図などの個々のサイトやアプリ内の検索機能も活用されるようになっている．クラウドを使うとどこにいても資料やスケジュールの管理ができる．

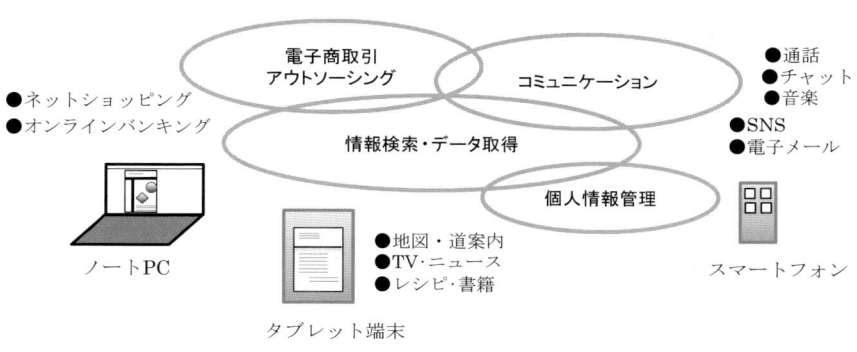

図 1.1 インターネットサービス

　さらにインターネットサービスを利用した電子商取引も広く行われている．ネットで商品を検索して注文して商品を宅配してもらい，クレジットカードで代金を支払う．銀行の預金口座もネットで管理する．

　人とのコミュニケーションでは，通話，メッセージ交換，TV 電話などで周囲の人と連絡をするほか，ブログや Twitter(X)，Facebook，LINE などの SNS (Social Networking Service) と呼ばれるコミュニティ型サービスを利用して多くの人と情報交換ができる．

　このように広範囲な社会活動がインターネットサービスを用いて行われている．インターネットは，インターネットサービスを提供する社会基盤 (social infrastructure) であるため，情報インフラと呼ばれている．

1.2　ネットワークアプリケーションと OS

　ここで，コンピュータの構造と動作を確認しておこう．コンピュータの本体や部品はハードウェアと呼ばれるが，ハードウェアだけでは動作はできない．基本ソフトウェアあるいは OS (Operating System，**オペレーティングシステム**) と呼ばれるソフトウェアが必要である．Windows，Mac OS，UNIX (ユニックス) は基本ソフトウェアの名前である．ゲーム機やタブレット端末にも OS が入っている．スマートフォンの電源をいれるとリンゴやロボットのロゴが表示されてしばらく待たされるが，このとき OS が起動しているのである．PC の電源を入れると，OS が起動し，認証用のパスワードの入力画面を経てデス

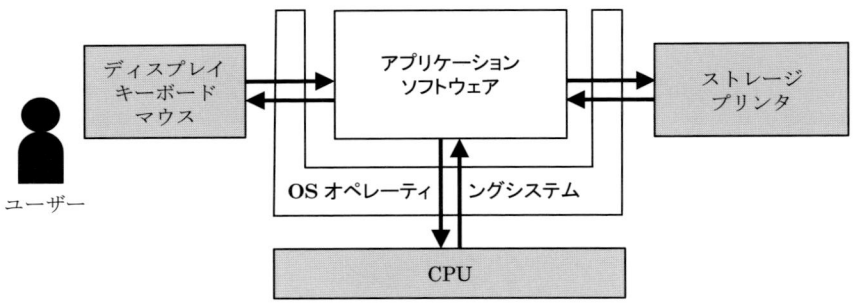

図1.2 オペレーティングシステムの役割

クトップ画面が表示されるので，コンピュータの**ユーザー**(使用者)はディスプレイを見ながらキーボードやマウスを操作する．このとき OS はキーボードやマウスから信号を受け取って CPU に処理させ結果をディスプレイに表示させている．

また，ユーザーがコンピュータで実際の作業をするには**アプリケーションソフトウェア**(**アプリ**)と呼ばれるソフトウェアが必要である．アプリはアイコンのタップなどで起動し，それぞれの画面を表示してユーザーに機能を提供する．アプリを使用している間，OS はアプリの指示をハードウェアに仲介している．この様子を図1.2に示す．

インターネットサービスを使うには**ネットワークアプリケーションソフトウェア**(**ネットアプリ**)を使用する．ネットアプリには，Web ブラウザや電子メール，地図アプリなどがある．スカイプなどの TV 電話もネットアプリの一種である．それに対して，文書作成やプレゼンテーションなどのオフィスソフト，通常のゲームソフト，電卓などは，ネットアプリではない．

ネットアプリとネットアプリでないソフトの違いは何だろうか．図1.3(a)では，PC はオフィスソフトの文書を表示しており，(b)では Web ブラウザが，あるサイトのページを表示している．両方とも文書の表示であるが，(a)で表示されている文書ファイルはノート PC のハードディスクに入っているのに対し，(b)で表示されているページのデータは離れた場所にある **Web サーバー**と呼ばれるコンピュータのハードディスクにある．

1.2 ネットワークアプリケーションと OS

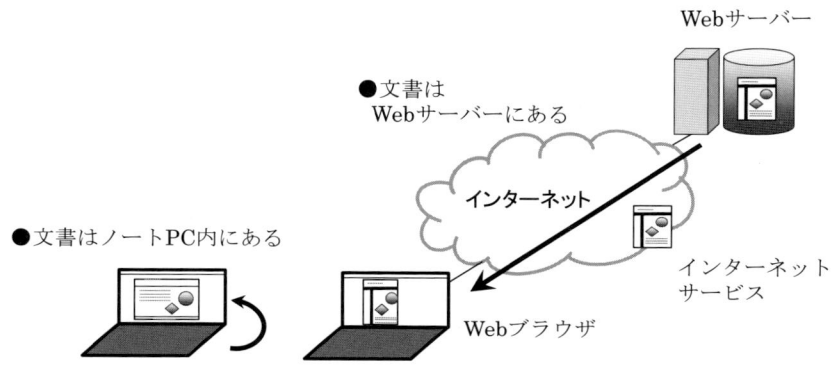

(a) オフィスソフトの文書を見る　(b) Web ページを見る
　　　　　　　　　　　　　　　　　〜ネットワークアプリケーション

図 1.3　ネットワークアプリケーション

Web ブラウザでリンクをクリックすると，手元のノート PC から"サーバーにデータを送ってください"というリクエストが Web サーバーに送られる．すると Web サーバーが Web ページのデータを送ってくれる．そのデータが手元の PC に表示されているのである．

ネットワークアプリケーションとハードウェアを仲介するのは OS である．Web ブラウザが Web サーバーに宛てたリクエストを OS に渡すと OS は通信データに変換して送信する．Web サーバーは世界のどこかにあって，どこにあるかわからない．しかし，手元の PC と Web サーバーはインターネットで確実につながれている．その間には OS の搭載された数十の通信装置があってデータを受け渡している．Web サーバーから Web ページが返送されてくると OS は Web ブラウザに渡し，Web ブラウザはそれを画面に表示する．

その他のインターネットサービスでも Web サービスと同様に，ネットワークアプリケーション，OS，コンピュータおよび通信装置が連携している．そこで，ユーザーは，インターネット上のどこかにあるサーバーのデータや機能を手元の PC やスマートフォンで利用することができるのである．

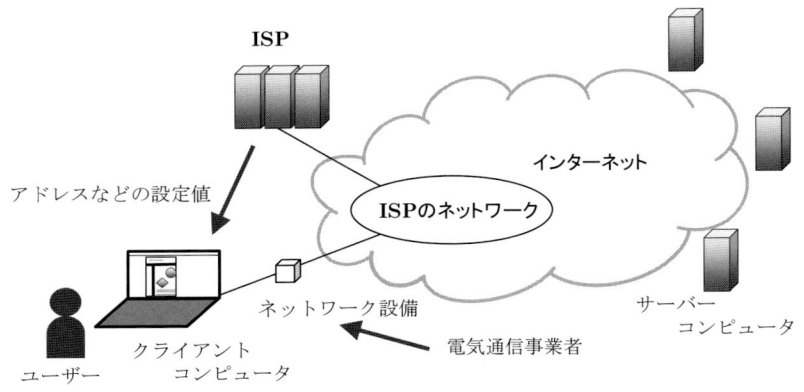

図 1.4　インターネットへの接続

1.3　インターネットへの接続

　インターネットサービスを利用するためには，PC やスマートフォンなどの通信機器だけではなく，ネットワークの敷設と利用の契約が必要である．自宅でインターネットを使えるようにするためには，まず NTT などの電気通信事業者に依頼する．光ケーブルを引き込み，通信装置を設置してもらう．この装置にノート PC を接続するとともかく信号を送ることはできるようになる．

　しかし，まだインターネットは使えない．ISP (Internet Service Provider, プロバイダ) と契約しなければならない．インターネットは 1 つの組織が所有しているわけではない．国や大学，会社などさまざまな組織がそれぞれのネットワークをもっており，これらのネットワークが接続し合ってインターネットが形成されている．インターネットを使う人の通信機器はすべて，どこかのネットワークに所属している必要がある．ISP はインターネットサービスの提供者という意味で，電子メールや Web サーバーの運用をすると同時に，希望者のコンピュータを自社の提供するネットワークに接続するというサービスをしている．ISP と契約すると電子メールのアドレスと必要な設定値が配布される．この値を通信機器に設定するとインターネット通信ができるようになる．この様子を図 1.4 に示す．ネットワークを敷設した電気通信事業者が ISP を兼ねている場合も多くなってきた．

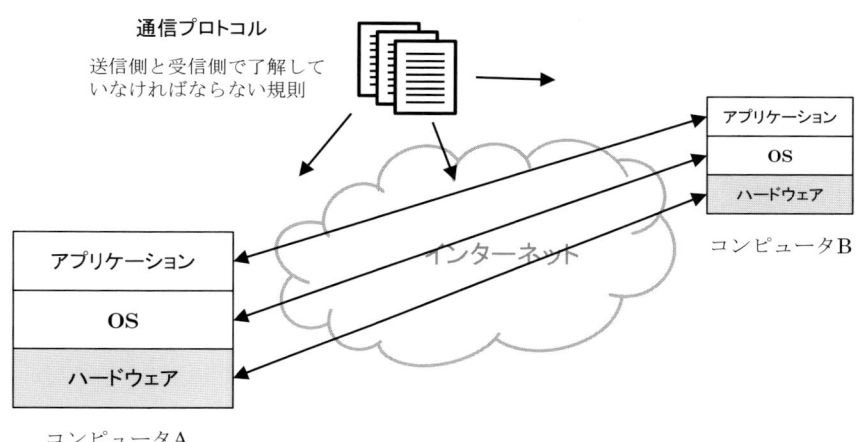

図 1.5 通信プロトコル

1.4 通信プロトコル

デジタル通信では，送信側は情報を0と1のデジタルデータに変換し，さらに信号に変換して送信する．受信側では信号を受信してデジタルデータに変換し，情報を復元する．このとき，送信側と受信側で変換方法が合っていなければ，受信側で元の情報を復元することはできない．しかし，たとえば電子メールを送るとき，自分がメールを送るコンピュータと相手がメールを読むコンピュータが同じとは限らない．また，自分の使っているメールソフトと相手のメールソフトも違うかもしれない．インターネットに関わるソフトウェアやハードウェアの開発には世界中のさまざまなメーカーが関わっており技術者が顔を合わせることもほとんどない．このような状況で，どうして電子メールは問題なく届くのだろうか．

そのためには，データや信号の変換方法や通信方法を定め，皆がそれに従ってハードやソフトの開発をすればよい．国家間で政治的な取り決めをするときは議定書（プロトコル）という文書を作成する．それを各国が守ることで足並みを揃えることができる．これにならって，インターネットでは通信の取り決めを**通信プロトコル**と呼ぶ．図1.5に示すように，ハード，OS，アプリごとに細かく通信プロトコルが定められ，ネットで公開されている．

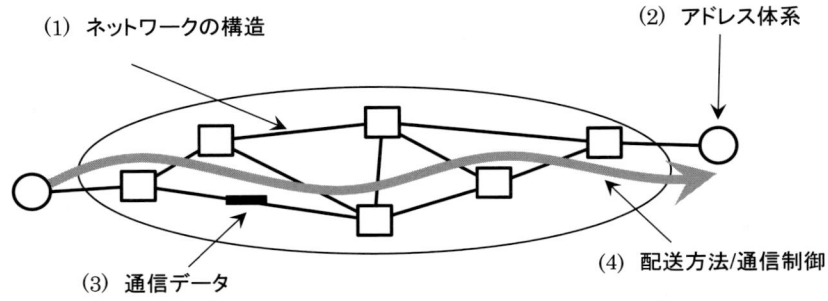

図1.6　インターネットの通信技術

コンピュータネットワークの通信技術は，図1.6に示すように，ネットワークを構成する機器やネットワークの構造，通信機器を識別するアドレスの体系，通信データの構造，さらに通信データの配送方法と通信を成功させるための制御方法からなっている．通信プロトコルで規定されているのはこれらの要素である．

現在インターネットで用いられている通信プロトコルは **TCP/IP プロトコルスィーツ**と呼ばれる通信プロトコル群である．ネットアプリを作りたい場合は，通信プロトコルに従ってアプリを作成する．通信装置やOSも通信プロトコルに従って開発される．ネットワークを設置する業者だけでなくユーザーも通信プロトコルに従ってPCや通信機器を設定することになるのである．

しかし，通信プロトコルは多数あり，個別の内容に特化しているため，それだけを読んでも理解することは難しい．通信技術の基本的な内容や全体の中での位置付けを知る必要がある．そこで，通信プロトコルは **OSI 参照モデル**と呼ばれる階層的なモデルで分類されている．このモデルは，通信プロトコルの位置づけを明確にするだけでなく，通信データの構造や配送のモデルでもあり，通信技術全体を理解するのに役立つ．

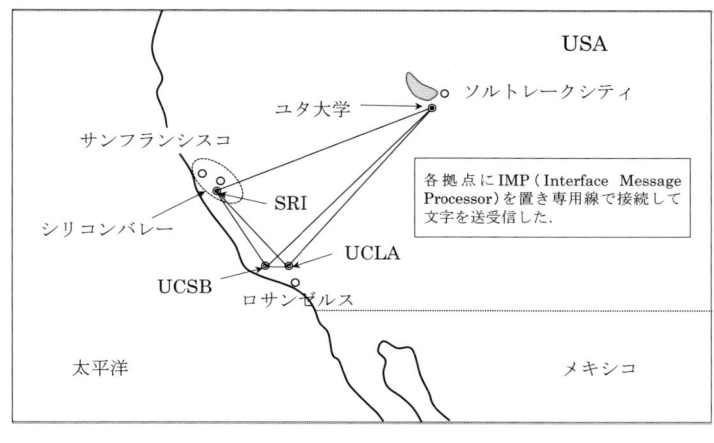

図 1.7　ARPAnet

1.5　インターネットの成立と発展

　インターネットはアメリカ生まれである．1950 年代の後期，米国国防総省は，高等研究推進局（Advanced Research Projects Agency, ARPA）を組織して，先端技術研究を開始した．そのテーマの 1 つがコンピュータ通信だった．その結果，1969 年 UCLA，UCSB，SRI，UTA の 4 大学間で通信試験が成功した．図 1.7 に示すこのネットワークがインターネットの起源といわれる **ARPAnet** である．このとき用いられた IMP と呼ばれる通信専用コンピュータが現在のルーターの原型である．この頃，ハワイ大学ではハワイ諸島に分散したキャンパスをつなぐ ALOHAnet というコンピュータネットワークが構築され，そのアイデアを元にイーサネット（Ethernet）が開発されている．

　1970 年代，ARPAnet の通信技術の研究開発が進み TCP/IP の主要な通信プロトコルが次々と開発され，後期には OSI 参照モデルの検討も始まった．TCP/IP は，1983 年リリースされた BSD UNIX ver.4.2 に標準実装され，コンピュータの OS に初めて組み込まれた．UNIX はオープンソースといってプログラムが公開されているソフトであったため，TCP/IP は UNIX とともに大学などの学術機関を中心に広まっていき，世界的に用いられるようになった．

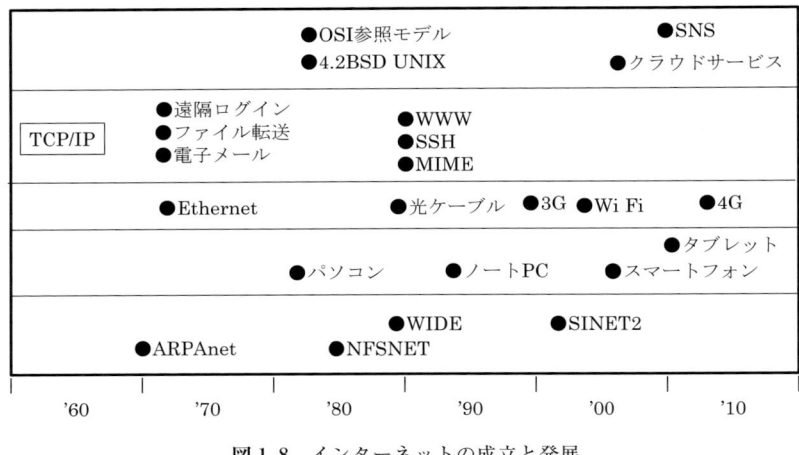

図 1.8　インターネットの成立と発展

　西海岸からスタートした TCP/IP ネットワークは，1980 年代には，東海岸に到達して BITNET，NFSNET が運用されるようになった．ヨーロッパでは EUNET が運用され，商用ネットワーク UUNET も運用が開始された．日本では，1984 年，村井純が中心となって JUNET が発足し，その後，**WIDE ネットワーク**となった．2002 年に TCP/IP 技術を採用した国立情報学研究所の **SINET** とともに学術研究組織の基幹ネットワークとして活躍している．さらに，1993 年には日本のインターネットの管理組織である JPNIC や日本初の ISP である IIJ が設立され，商用サービスが開始された．

　WWW は，1990 年に発表された TCP/IP プロトコルに基づく情報検索システムである．1993 年頃には NCSA Mosaic，Netscape Navigator などの Web ブラウザがリリースされた．Web コンテンツの増加，および Yahoo 社，Google 社などから提供される検索エンジンによって，情報検索システムとしての WWW の有用性が急速に増していった．

　この頃，ネットワークの通信速度も格段に進歩した．開発当初の Ethernet が約 1 kbps の通信速度だったのが，1990 年代は幹線 100 Mbps 支線 10 Mbps のネットワークが主流になっていた．

このような背景に加え，パソコンの普及，パソコン OS の TCP/IP 機能の搭載，各戸へのデジタル回線の敷設によって，1990 年代の後半には一般家庭でも電子メールや WWW を利用することができるようになった．また，オフィスソフトによって書類が電子化され，電子メールの MIME による添付ファイル機能で送受信ができるようになると業務が格段に効率化された．それと同時にサーバーに対する攻撃が始まり，コンピュータウイルスが蔓延，ネットワークセキュリティの問題が顕在化するようになった．しかし，WWW を利用した電子商取引が可能になるとインターネットは社会活動を支える情報インフラとしての位置付けを確立した．

1990 年代の終わり頃，無線 LAN の最初の規格 IEEE802.11 や Bluetooth が策定された．2000 年代に入ると無線 LAN の通信速度は向上しセキュリティ機能が強化され，ノート型 PC に標準装備されるようになった．一方，2000 年に IMT2000（第三世代携帯電話いわゆる 3G の規格）が発表されると，携帯電話は大容量のデータが扱えるようになり，通信速度も向上した．同じ年，米国が GPS の制度制限を撤廃すると民間向け GPS の精度は 10 m と飛躍的に向上し，携帯電話やカーナビゲーションシステムで GPS を利用した高精度な位置情報サービスが提供できるようになった．TV 放送のデジタル化も進み 2006 年にはワンセグ放送が開始されて携帯電話で TV を見ることができるようになった．2007 年，OS を搭載したスマートフォンが発表されると，もはや電話とはいえないほど多機能化した．その後，画面が見やすく操作しやすいタブレット型端末が発売されるなど，通信機器の多様化が進んでいる．

2000 年代は，また，ブログ，大規模 SNS が流行し，IP 電話が普及，サーバーのクラウド化が進むようになった．また基幹ネットワークの通信速度も 10 Gbps にまで向上している．このように，インターネットは日々，多様化，高速化，多機能化し続けている．1960 年代から 2010 年代にかけてのインターネットおよび関連技術のキーワードを図 1.8 に示す．

図 1.9 通信プロトコルの管理組織

1.6 通信プロトコルとパラメータの管理

図 1.9 は，通信プロトコルの管理に関する組織を示している．TCP/IP プロトコルの標準化と公開は IETF という組織で行われている．各プロトコルは RFC (Request for Comments) という，書式の定まったドキュメントで記述され公開されている．アイデアが RFC 文書として提案されると，通し番号が付けられ，ステイタスが付与されて検討が始まる．検討に従ってステイタスは変化していき，標準プロトコルとしての価値が認められると「標準」となる．ステイタスは恒久的なものではなく，技術が進歩したために有用性が失われると「歴史的」というステイタスとなる．このように，激しく変化する技術進歩に対応した標準化が行われている．

3 章で述べるようにインターネット通信はホスト間通信とデータリンク通信に分けられる．TCP/IP はホスト間通信の技術であるが，Ethernet や無線 LAN はデータリンク通信の技術であり，**IEEE 802 委員会**が標準化と公開を行っている．IEEE ではこれらをスタンダード（標準規格）と呼んでおり，規格名は IEEE 802.＜番号＞で表されている．

1.6 通信プロトコルとパラメータの管理

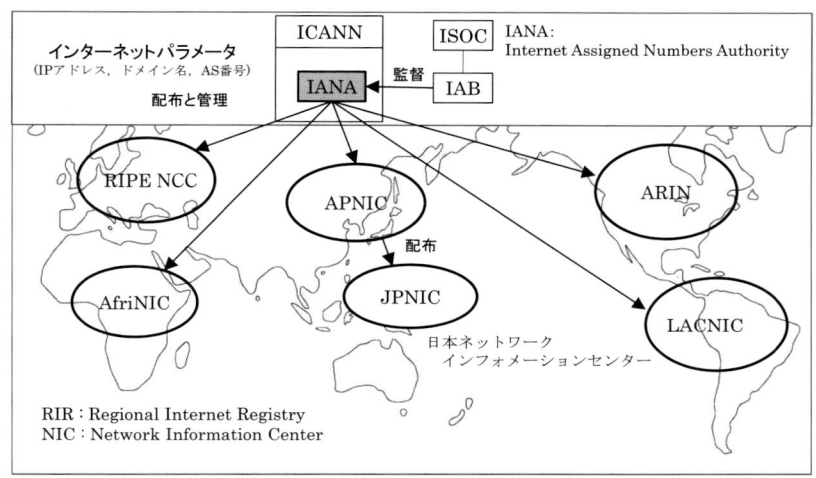

図 1.10 インターネットパラメータの配布

　複数のコンピュータが接続しているネットワークでは，コンピュータを識別する番号や名前をネットワーク全体で重複しないようにする必要がある．インターネット通信では宛先を表す IP アドレス，ドメイン名，AS 番号が**インターネットパラメータ**と呼ばれて，管理されている．これらは図 1.10 に示すように管理組織から配布されている．トップは ICANN（アイキャン）で，世界は 5 つの地域に分けられ，各地域に NIC と呼ばれるネットワーク情報センターが設置されている．実際の管理と配布は ICANN の下位組織 **IANA**（アイアナ）が行っている．日本では **JPNIC**（ジェイピーニック）がインターネットパラメータを管理しており，アジア環太平洋を管理する APNIC から配布を受けている．JPNIC は配布されたインターネットパラメータを国内の ISP に配布している．

　データリンク通信でも同様なパラメータがある．データリンク通信の主要なパラメータである MAC アドレスに含まれる**ベンダー識別子（OUI）**である．こちらは IEEE が通信機器の販売者や製造元に対して配布し IEEE のサイトで公開している．

〈1章の課題〉

1.1 次の用語を説明しなさい．
　　(1)　インターネット
　　(2)　インターネットサービス
　　(3)　ISP（プロバイダ）
　　(4)　通信プロトコル
　　(5)　TCP/IP
　　(6)　ARPAnet
　　(7)　インターネットパラメータ

1.2 インターネットサービスを利用しているときのOSの役割を説明しなさい．

1.3 ネットワークアプリケーションと一般のアプリケーションの違いを説明しなさい．

1.4 ネットワーク技術の4つの要素を挙げなさい．

1.5 次の組織の役割を述べなさい．
　　IETF，IEEE802委員会，IANA

1.6 サイト訪問：
　　次のWebサイトを訪問し，活動内容を調べなさい．
　　JPNIC，SINET（国立情報学研究所），WIDEプロジェクト，IIJ

1.7 調査：
　　利用しているネットワークの電気通信事業者とISPを調べなさい．

インターネット関連年表

1960　TSS システムの開発．
1962　パケット交換システムが提案される．
1969　ARPAnet の通信実験成功．
<u>1970 年代</u>　Ethernet，TCP/IP プロトコル群が開発される．
1978　OSI（開放型システム間相互接続）が策定される．
1983　4.2 BSD UNIX に TCP/IP が組込まれる．
1984　OSI（開放型システム間相互接続）が完成する．
<u>1980 年代</u>　ネットワークインフラの整備
1984　日本で JUNET が運用を開始する．
1985　米国で広域ネットワーク NFSNET が運用を開始する．
<u>1990 年代</u>　電子メール，WWW が広まる．
1990　WWW が発表される．
1993　JPNIC が設立される．IIJ がサービスを開始する．
1993　Web ブラウザが提供されるようになる．
1993　情報スーパーハイウェイ構想（米）が発表される．
<u>1990 年代後半</u>
　　　情報セキュリティが社会問題となる．
　　　電子商取引が開始される．
1997　IEEE802.11（無線 LAN 通信規格）が策定される．
<u>2000 年代前半</u>　TV 放送のデジタル化，IP 電話サービス開始．
2000　IMT2000（3G 携帯電話国際標準）が策定される．
　　　GPS の民間向け精度制限が撤廃される．
<u>2000 年代後半</u>　大規模 SNS の流行，IP 電話の普及．
2007　スマートフォンが発売される．
2008　クラウドサービスが開始される
2010　タブレット型端末が発売される．

2 ネットワークの構造

章の要約

インターネットは多種類の機器で構成されている．この章では，インターネットを構成する機器と接続構造について述べる．

2.1 ネットワークの構成装置

2.1.1 ネットワークの基本構造

図 2.1 にコンピュータネットワークの基本構造を示す．まず，データの送信元や送り先になるコンピュータを**ホスト**(host)という．ホストではネットワークアプリケーションが動作しており，送信データを生成し宛先ホストに向けて送り出す．ホストはコンピュータネットワークの端に位置している．また，受信したデータを他へ送信する機器を本書では**データ転送装置**ということにする．データ転送装置もコンピュータの一種であるが，ネットワークアプリケーションは搭載されていない．また，信号を送るケーブルや無線は**通信媒体**あるいは**通信メディア**と呼ばれている．コンピュータネットワークは，ホストやデータ転送装置が通信媒体によって結ばれたものである．

通信媒体で接続された 2 つの装置を隣接しているといい，隣接した装置が作る小さなネットワークは**データリンク**(datalink)と呼ばれる．データリンクには 3 つ以上の装置が含まれることもあって，そのようなデータリンクでは 1 つの装置が送信するとデータリンク内のすべての装置にデータが届く．コンピュータネットワークは接続し合ったデータリンクの集まりでもある．

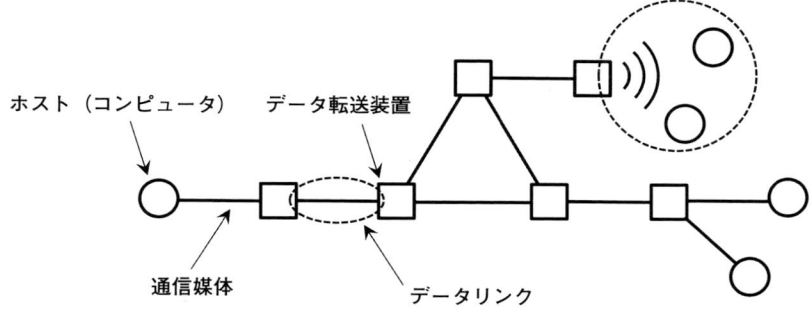

図 2.1 コンピュータネットワークの基本構造

2.1.2 ホストと NIC

図 2.2 に示すように，ホストにはいろいろな機器が含まれる．デスクトップやノート型のパソコン，Web コンテンツをインターネットで公開しているサーバーコンピュータ，スマートフォン，タブレット端末，インターネットを使用できる TV もホストである．インターネットサービスを行っているのはネットワークアプリケーションソフトウェアであるため，ネットワークアプリケーションを搭載しているコンピュータが通信データの送信元や宛先になるのである．スマートフォンやタブレット端末のような機器も通信機能をもち，ネットワークアプリケーションが組み込まれたコンピュータであるためホストに含まれる．ホストはネットワークの末端に位置するため，**インターネット端末** (Internet terminal) と呼ばれることもある．

ノードがやりとりする通信データはバイナリデータすなわち 0 と 1 であるが，通信媒体を通るときは信号に変換されて送信される．以前は，LAN カードあるいは **NIC** (Network Interface Controller，ニック) と呼ばれるカード型の装置をコンピュータに差し込んで通信機能をもたせていたが，現在のコンピュータは通信用ボードを内蔵しており，本体表面に出ている**通信ポート**間で信号を送受信している．また，通信コントローラがマザーボードに組み込まれたオンボードタイプの場合もある．このハードウェアの通信部の呼び名は，ネットワークインターフェース，NIC，LAN アダプターなどとさまざまであるが，本書では NIC と呼ぶことにする．

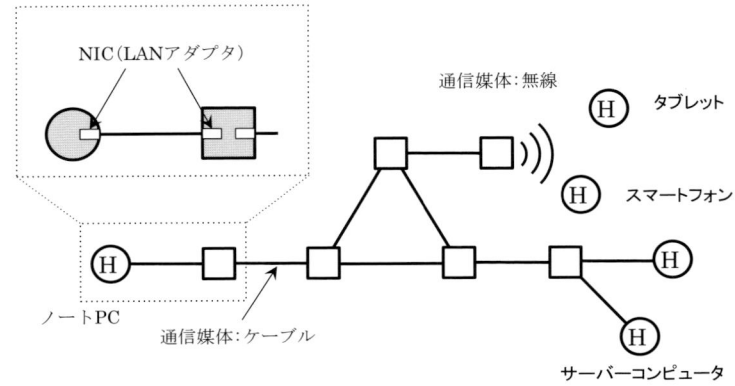

図 2.2　ホストと NIC

2.1.3　データ転送装置

データ転送装置には**ブリッジ**（bridge）と**ルーター**（router）がある．これらの機器は通信ポートを複数もち，受信したデータを他に送信するという機能をもっている．ブリッジは 2 つのデータリンクを橋渡しする装置で，**スイッチングハブ**（switching HUB）や**アクセスポイント**（Access Point, AP）もブリッジの一種である．ブリッジという製品自体は今はなく，"ブリッジ"は総称として用いられている．

図 2.3 に示すようにネットワークの周辺に向かう方向を下流，ネットワークの内部に向かう方向を上流という．また，ブリッジに対して上流側のデータリンクをアップリンク，下流側のデータリンクをダウンリンクと呼ぶ．ブリッジは，通信データの宛先ホストが下流にあればダウンリンクへ送信するが，それ以外はすべてアップリンクに送信するという動作をする．

スイッチングハブは複数のブリッジを 1 つの機器に集約した装置で，通信ポートをアップリンク側に 1 つ，ダウンリンク側には複数もっており，ケーブルのネットワークで広く用いられている．また，AP はケーブルと無線をつなぐブリッジであるが，それと同時にブリッジを集合した装置でもあり，ダウンリンク側に複数のポートをもっている．ホストからネットワークに無線で接続（アクセス）するという意味でアクセスポイントと名付けられている．

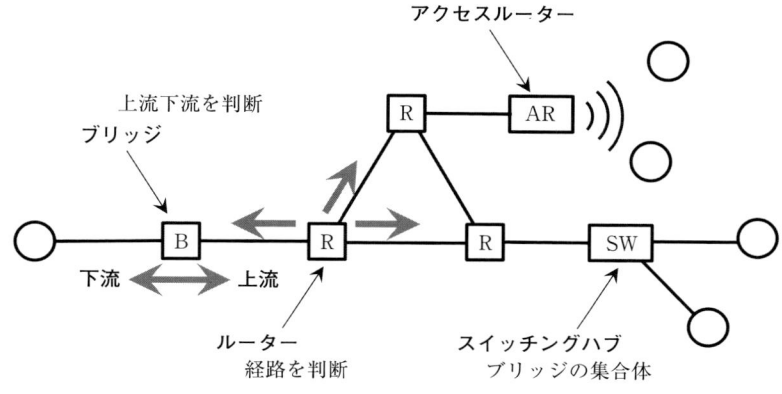

図 2.3 ブリッジとルーター

　一方，データリンクの接点には上流下流の区別ができない場合がある．このような場所に位置するデータ転送装置は，送信すべきデータリンクを判断し，適切な方向にデータを送信する必要がある．ルーターは，通信データの宛先から送るべき方向を調べて送信する装置である．このような機能をルーティングという．

　ルーターは通常ケーブルで接続する機器を指すが，ケーブルネットワークと無線のネットワークを結ぶ**アクセスルーター**（Access Router）もルーターの一種である．

　4.3 でも述べるようにスイッチングハブは L2 スイッチと呼ばれることがある．また，ルーターが行う処理は本来ソフトウェア処理であるが，これをハードウェア処理で高速に行う装置があり，L3 スイッチと呼ばれている．これらを統合した **L2/L3 スイッチ**も広く用いられ，単に**スイッチ**と呼ばれることもある．アクセスルーターも AP と統合されていることが多い．これらの機器では，ルーターとして動作するか，ブリッジとして動作するかを設定や自動で切り替えられる．

　なお，本書では取り上げないが，データ転送装置には L4 スイッチと呼ばれる機器もある．

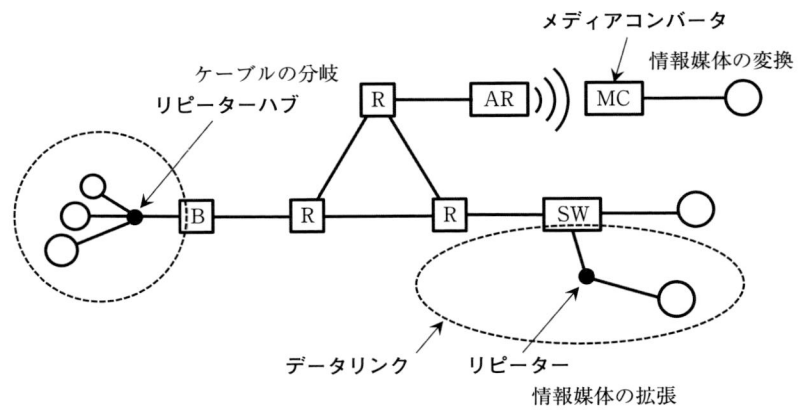

図 2.4　リピーター

2.1.4　リピーター

図 2.4 に示すように，リピーターは情報媒体を拡張，分岐，変換する機器である．

信号を送信できるケーブルの長さには限界があり，さらに遠い場所に送るには信号を一旦受信して信号強度を上げる必要がある．このとき，情報媒体を延長する機器を**リピーター**（repeater）と呼び，大陸間を海底ケーブルで結ぶ大規模なデータリンクを設置するときなどに用いられている．無線でも，通信装置の電波範囲を越えて伝送しようとするときや死角になる場所へ電波を届けるためにワイヤレスリピーターが用いられている．

複数のリピーターを内蔵したリピーターハブ（単にハブともいう）という装置では1本のケーブルを分岐させ，複数のホストを含むデータリンクを構成することができる．また，同種の通信媒体ではなく光ケーブルから無線へなど種類の違う通信媒体で延長するときは，メディアコンバートリピーターあるいは**メディアコンバーター**（media converter）という機器が使われる．これもリピーターの一種である．リピーターはブリッジやルーターと異なり，信号の受渡しをする機器で通信データを書き換えることはない．そのため，データ通信では透過的に，すなわち無いものとして扱われる．

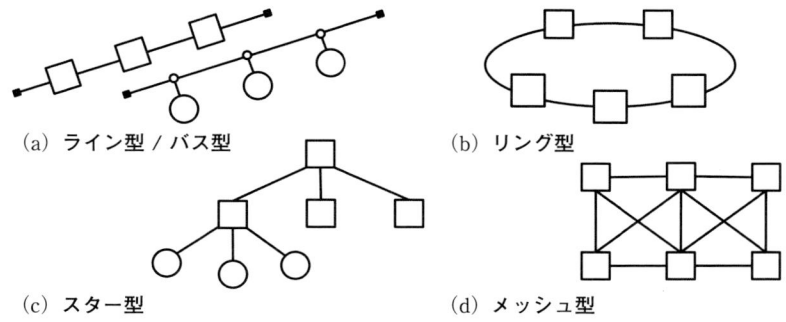

(a) ライン型 / バス型　　(b) リング型
(c) スター型　　(d) メッシュ型

図 2.5　ネットワークトポロジー

2.2　ネットワークの構造

2.2.1　ネットワークトポロジー

　ケーブルのネットワークで複数の機器を接続する場合，図 2.5 に示すようなさまざまな幾何的な形態があらわれる．このようなネットワーク上のノードの接続形態を**ネットワークトポロジー**(network topology)という．

　(a) のライン型はノードを直線上に接続する形態である．通信ポートを 1 つしかもっていないホストを直線的に接続するにはバス型といってホストからのケーブルを幹線に接続する．(b) のリング型は，ライン型やバス型の両端をつないで輪にする．リング型にすると，2 つのノードを結ぶ通信路は右回り，左回りと 2 つあるので，どこか 1 ヶ所で断線しても通信路が確保される．

　(c) のスター型は，1 つの機器に他の機器を集中的に接続する形態である．スター型はケーブルの集約が簡単で，末端の機器を入れ替えるとき他の機器への影響が小さい．さらに (d) のメッシュ型は，機器どうしが密に接続し合った形態である．通信路を短縮でき，ホスト間の通信が高速化される．特にすべての機器が互いに接続し合った状態を**フルメッシュ**という．

　無線のネットワークの場合は，電波が届き通信できる機器どうしを線で結んだ構造をネットワークトポロジーと呼んでいる．

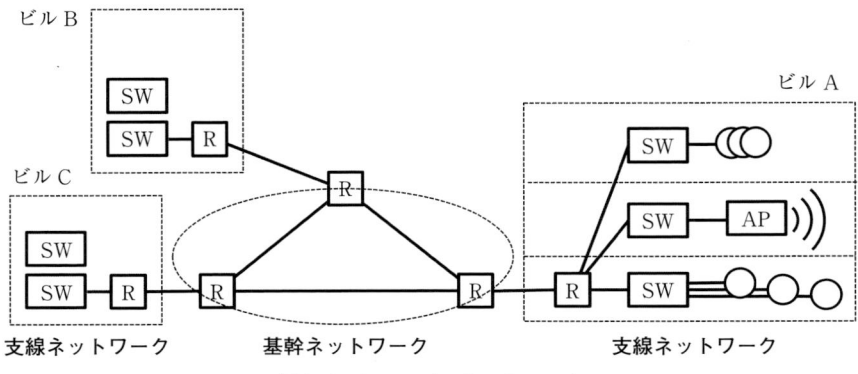

図 2.6 キャンパスネットワーク

　広い敷地をもつ大学では，1つのキャンパス内にいくつかの建物が建っている．そこに敷設されたネットワークを**キャンパスネットワーク**という．キャンパスネットワークのネットワークトポロジーを見てみよう．

　図2.6では，まず，中央に3台のルーターがネットワークを構成している．このネットワークはキャンパス中央に位置したネットワークセンターといった建物に設置されている．キャンパス内の他の各建物にはそれぞれルーターが設置され，各階のスイッチングハブに接続している．さらに，スイッチングハブにはケーブルや無線でホストが接続している．中央のネットワークを**基幹ネットワーク**，各建物のネットワークを**支線ネットワーク**と呼ぶ．

　この例では，基幹ネットワークはリング型トポロジー，支線ネットワークはスター型トポロジーである．トポロジーを組み合わせることにより，どの2つのホストも最大で4つのルーターと2つのスイッチングハブを経由して接続されている．このような構造は企業の構内ネットワークにも見られる．

　基幹ネットワークを1つのルーターに置き換え，全体をスター型にすると2ノード間のルートをさらに短くすることができるが，基幹のルーターに通信が集中し故障などの影響が大きくなる．

　なお，携帯電話やスマートフォンのネットワークでは，携帯電話から基地局までの無線のネットワークはアクセスネットワーク，基地局間のケーブルのネットワークはコアネットワークと呼ばれている．

2.2 ネットワークの構造

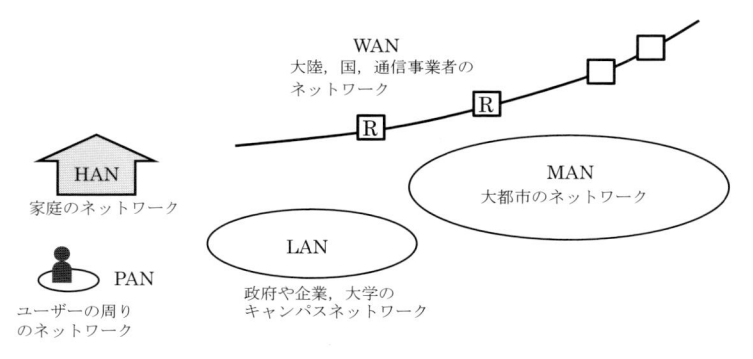

```
                    WAN
              大陸, 国, 通信事業者の
                   ネットワーク
                              R   R
       HAN
    家庭のネットワーク                    MAN
                                 大都市のネットワーク
        PAN           LAN
    ユーザーの周り      政府や企業, 大学の
    のネットワーク      キャンパスネットワーク
```

図 2.7　ネットワークエリアのサイズ

2.2.2 ネットワークエリアのサイズ

図 2.7 に示すように，コンピュータネットワークはカバーするエリアのサイズによっていくつかに分類されている．

LAN（Local Area Network，ラン）は，限定されたエリアのネットワークという意味である．前項で説明したキャンパスネットワークは LAN の1つで，キャンパス LAN，社内 LAN などと使われる．一方，電気通信事業者や専門組織のネットワークのように1つの国や大陸など広い範囲をカバーしているネットワークは **WAN**（Wide Area Network，ワン）と呼ばれる．WAN のトポロジーには土地の形状によって，ライン型，スター型，リング型などがある．

都市のような中規模エリアのネットワークは **MAN**（Metropolitan Area Network，マン），家庭内のネットワークは **HAN**（Home Area Network，ハン）と呼ばれる．スマートフォンで音楽を聴くハンズフリーシステムのようなユーザー周辺のネットワークは **PAN**（Personal Area Network，パン）と呼ばれている．

無線のアクセスネットワークにもこのような分類があり，スマートフォンやタブレット端末からアクセスルーターまでのネットワークを無線 LAN（WLAN，Wireless LAN），スマートフォンから基地局までのネットワークを無線 WAN（WWAN，Wireless WAN）などと呼んでいる．しかし，WLAN や WWAN は1つのデータリンクを形成する電波範囲の大きさなどで区別されており，複数のデータリンクで構成されるネットワーク全体のサイズに着目した LAN，WAN の概念とは異なることに注意が必要である．

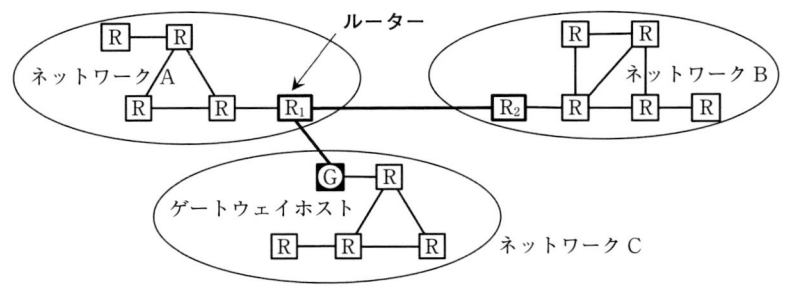

図2.8 ネットワークの接続

2.3 インターネットの構造

2.3.1 ネットワークの接続

ネットワークは単独では意味がなく他のネットワークと接続し合ってこそ有用なものになる．ネットワークはルーターを用いて接続される．図2.8は，キャンパスLANが互いに接続している様子を表している．ネットワークAの外部接続用の専用のルーターR_1と，ネットワークBのルーターR_2が接続することによって，ネットワークAとBが接続されている．このような接続では，AB間の通信は必ずR_1とR_2を通る．自宅にネットワークを設置するときも専用のルーターが設置され，家庭内のノートPCなどの機器を接続する一方，光ケーブルで外部にあるISPのネットワークに接続している．

ネットワークCのようにホストでネットワークを接続することもできる．ホストのOSのネットワーク機能にはルーターの機能が含まれているため，ホストに複数のNICを設置するとデータを転送させることができるからである．ネットワークの接続に用いられるホストを**ゲートウェイホスト**（gateway host）と呼ぶ．ホストはアプリケーションを搭載できるため，データの転送速度は遅くなるが通信データの内容を詳しく調べたり変換したりすることができる．そこで，ゲートウェイホストはネットワークの分離性を保ちながら接続する場合に用いられる．

このように，ネットワークはルーターやゲートウェイホストで接続することによっていくらでも拡大していくことができる．

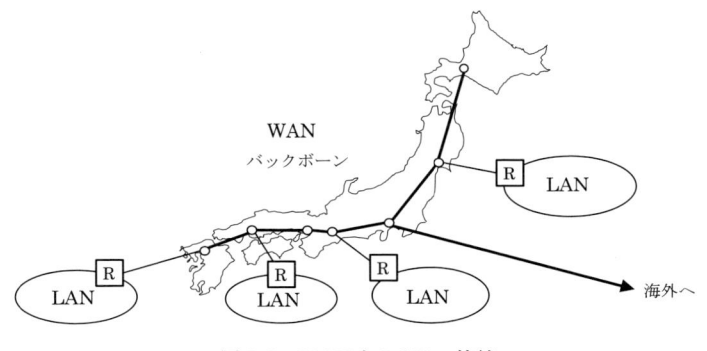

図 2.9 WAN と LAN の接続

2.3.2 WAN と LAN の接続

キャンパスネットワークでは基幹ネットワークに複数の支線ネットワークが接続していたが，もっと広い視点でネットワークを見ると，WAN に多数の LAN が連結している同様な構造が見られる．日本は縦長の国土であるため，日本をカバーする WAN ではライン型に接続されたルーターが日本列島を縦断し各地の LAN がこれに接続している．この様子を図 2.9 に示す．

国立情報学研究所が運営している **SINET** というネットワークは WAN の 1 つで，各地の国公立大学や研究所の LAN が接続している．このような広域のネットワークは形状が背骨に似ているために**バックボーン**（Backbone）と呼ばれる．

また，通信事業者が運営する WAN には国や民間企業の LAN が接続しており，WAN どうしもいくつかのポイントで相互に接続し合っている．そこで，自宅の PC から大学の Web サイトをアクセスして入学情報を調べ，大学の教室の PC から民間の Web サイトにアクセスして就職活動をすることができる．

さらに，これらの日本の WAN は海外の WAN に接続している．太平洋には複数の海底ケーブルが敷設されており，双方の WAN のルーターを結んでいる．すなわち，各国の WAN は国内の LAN を接続すると同時に WAN 相互で接続している．このようにして形成された，世界でただ 1 つの巨大なコンピュータネットワークがインターネットである．

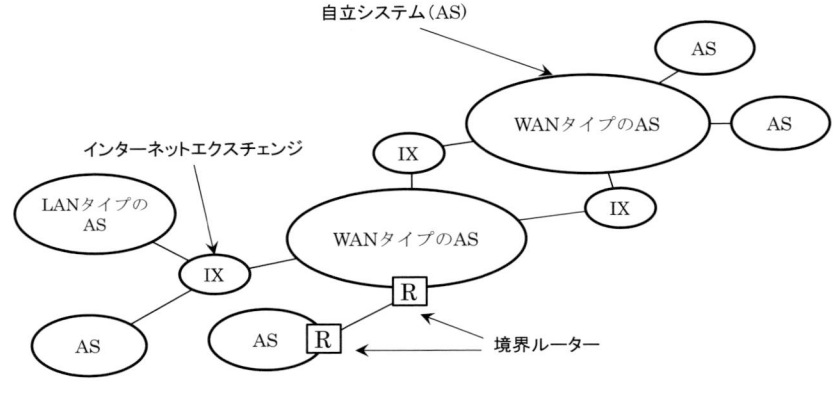

図 2.10 AS と IX

2.3.3 AS と IX

WANは電気通信事業者や専門の組織によって構築され，各組織の方針に従って運用されている．企業や大学のLANでも，各自で構築しそれぞれの考え方に従って運用をしているところが少なくない．このように自律的に運用されているネットワークを**自律システム**（Autonomous System，AS）と呼ぶ．ASは，LANやWANとは別の視点でネットワークを指す用語である．したがって，インターネットはASのネットワークであるといえる．

図2.10に示すようにAS間を接続するルーターは**境界ルーター**（edge router）と呼ばれ，組織の接続方針に従ったルーティングを行っている．ASの方針によっては，このASには送信するが受信はしないということも可能である．

AS間で相互接続する場合2つのネットワークを物理的に接続する必要があるが，個別にケーブルなどを敷設するのは多大なコストがかかる．**IX**（Internet eXchange）はASを接続することを目的としたネットワークであり，JPIX，JPNAPなどが運営している．各ASがIXまでケーブルを敷設しIX内に境界ルーターを置けば，どの2つのASもIX内で結線するだけで相互接続が開始できる．WANのように多数のASと接続しているASもあれば，1つのASに接続しているASもある．1つのASだけと相互接続しているASは**スタブAS**と呼ばれることもある．

⟨2章の課題⟩

2.1 次の用語を説明しなさい．
　　(1)　ホスト
　　(2)　NIC
　　(3)　通信媒体
　　(4)　データリンク
　　(5)　ネットワークトポロジー
　　(6)　キャンパスネットワーク
　　(7)　LAN と WAN
　　(8)　AS

2.2 検索：スイッチングハブ，ルーター，リピーターについて，各機器の製品の画像を検索しなさい．また，機能の違いを説明しなさい．

2.3 ネットワークの構成装置を分類しなさい．

2.4 ネットワークを接続する方法を述べなさい．

2.5 サイト訪問：
　　(1)　国立情報学研究所の Web サイトを訪問し，SINET の配置と SINET に接続している AS を調べなさい．
　　(2)　JPIX，JANAP は日本の IX である．両者の Web サイトを検索し，接続拠点の場所を調べなさい．

2.6 調査：
　　身の回りのネットワークについてわかる範囲でネットワーク図を書きなさい．

3 インターネット通信の基礎

章の要約

本章ではインターネット通信を構成する2つの通信技術，ホスト間通信とデータリンク通信の概念について述べる．また，アドレス，パケット通信，および通信速度について学ぶ．

3.1 データリンク通信とホスト間通信

図3.1では，ホストSがホストDにデータを送信している．通信データを送信するホストは**送信元ホスト**(source host)，受信するホストは，**宛先ホスト**(destination host)と呼ばれる．

送信元ホストから送出された通信データは，まず，同じデータリンク内にあるデータ転送装置へ送信される．データ転送装置は，受信した通信データを別のデータリンクのデータ転送装置へ送信する．これら隣接した装置間の通信は**データリンク通信**と呼ばれている．一方，送信元ホストから宛先ホストまでの通信は**ホスト間通信**と呼ばれる．ホスト間通信では，通信データが宛先ホストまで届くように通信経路や通信速度をコントロールする．

データリンク通信とホスト間通信は異なる通信技術であり，インターネットの通信はその両方で成り立っている．この構造は，郵便物の配送に例えられる．通信データは郵便物で，ホストは家やオフィスである．郵便物はポストに投函され，集配局から集配局へと送られて最終的に宛先の家へ届けられる．ポストや集配局がデータ転送装置で，集配局から集配局への配送はデータリンク通信，集配局での仕分けやスケジューリングはホスト間通信に対応している．

3.2 アドレスと通信の宛先

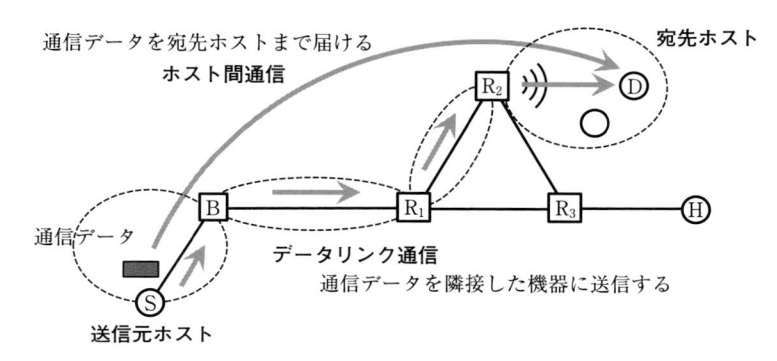

図 3.1 データリンク通信とホスト間通信

3.2 アドレスと通信の宛先

3.2.1 アドレス

　複数の機器が含まれるネットワークの中で特定の機器に通信データを送信するとき，宛先を特定する手段が必要である．それが**アドレス**で，通信機器の識別番号であり，人の住所・氏名に相当するものである．もし，ネットワーク内に同じアドレスの機器が存在するとどちらに送るべきかわからないため，アドレスは重複してはいけない．

　インターネット通信では2つのアドレスが用いられている．データリンク通信が用いるアドレスはMACアドレスといい，ホストやルーターのNICにつけられている．通信データはデータリンク内の該当するMACアドレスをもつ機器に届けられ，なければブリッジやスイッチングハブによって上流側へ送信される．一方，ホスト間通信ではIPアドレスが用いられる．こちらも機器のNICにつけられるアドレスであるが，その機能は識別だけではない．ホスト間通信では2.1.3に述べたようにルーティングを行う必要があり，IPアドレスはルーティングが効率的にできるように設計されている．しかし，データリンク通信ではこのような仕組みは不要である．そこで，インターネット通信では，ホスト間通信とデータリンク通信でそれぞれ目的に適したアドレスが用いられている．

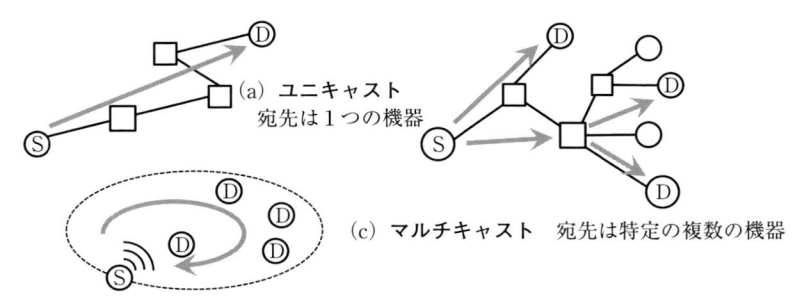

(a) **ユニキャスト**　宛先は 1 つの機器

(c) **マルチキャスト**　宛先は特定の複数の機器

(b) **ブロードキャスト**　宛先はネットワーク内の全機器

図 3.2　宛先による通信のタイプ

3.2.2　通信の宛先

通信は，通信の宛先の観点から 3 つのタイプに分けられる．これを図 3.2 に示す．まず (a) では，1 つの送信元ホストから 1 つの宛先ホストにデータが送信されている．これを**ユニキャスト**（unicast）という．ユニキャストは基本的な宛先のタイプであるため，本書では特に断らない限りユニキャスト通信について述べる．

これに対して，(b) の**ブロードキャスト**（broadcast）は複数の通信機器を対象とする 1 対多の通信タイプである．通信の宛先は個々の機器ではなくネットワークである．ネットワークに対してブロードキャスト通信をするとそのネットワークに接続したすべての機器が通信データを処理する．そこで，大きなネットワークにブロードキャストを送信すると，多くの機器がデータを受信し処理量が増大する．そのため，ブロードキャストは限定されたネットワーク内で用いられる．

(c) の**マルチキャスト**（multicast）も 1 対多の通信方式であるが，予め登録された複数のホストに対して送信する仕組みである．1 対多の通信を複数のユニキャストで送信すると通信量が宛先数倍になってしまう．本書では扱わないが，インターネットのマルチキャスト通信は動画像の広域高精度配信を目的とし，効率的な配送方式や，送受信するホストの参加退会を管理する仕組みを含んでいる．

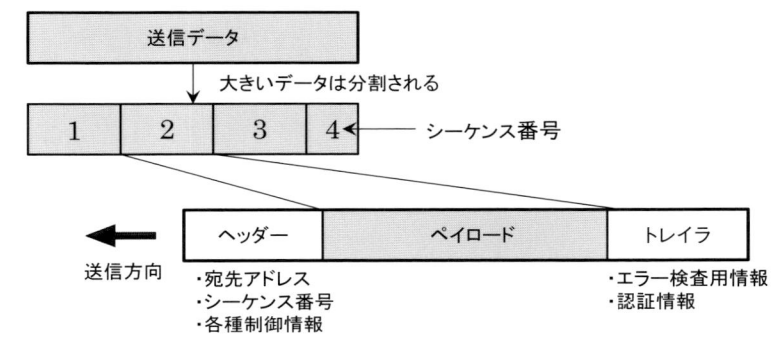

```
          送信データ
              │
    大きいデータは分割される
              ↓
    ┌───┬───┬───┬───┐
    │ 1 │ 2 │ 3 │ 4 │◄── シーケンス番号
    └───┴───┴───┴───┘

    ┌──────┬──────────────┬──────┐
◄── │ヘッダー│  ペイロード   │トレイラ│
    └──────┴──────────────┴──────┘
 送信方向  ・宛先アドレス      ・エラー検査用情報
         ・シーケンス番号     ・認証情報
         ・各種制御情報
```

図 3.3 パケットの構造

3.3 通信パケットとパケットの配送

3.3.1 通信パケットの構造

デジタル通信で送信されるのはバイナリデータ列である．通信を円滑に行うため，データに制御情報を付加して**通信パケット**（packet）を生成し，送信する．

図 3.3 に通信パケットの構造を示す．送信したいデータは**ペイロード**（payload），ペイロードの先頭に付加される制御情報は**ヘッダー**（header），末尾に付加される制御情報は**トレイラ**（trailer）と呼ばれる．ヘッダーには，宛先ホストと送信元ホストのアドレス，データサイズなどが記述されている．トレイラには通信中のエラー検査用の制御情報や認証用の情報などが入っている．

以上はデータを運ぶためのパケットの構造であるが，制御情報を交換するためのパケットもある．本書では，データを運ぶパケットを**データパケット**，制御情報交換のためのパケットを**制御パケット**と呼ぶ．

通信データは，必要に応じて小さなデータに分割され，それぞれパケット化される．これらのパケットのヘッダーには分割したときの順序を表すシーケンス番号や，元データ内の位置を示すオフセットというパラメータが記述されている．宛先ホストではデータの到着順が変わった場合にもこの情報に基づいて元データが復元される．

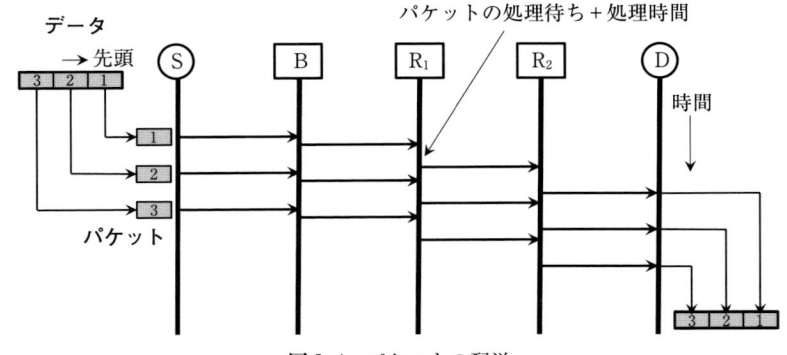

図 3.4 パケットの配送

3.3.2 通信パケットの配送

図 3.1 のネットワークで S から送信された通信データがデータ転送装置を通り D に至る様子が，図 3.4 に示されている．各機器から下方向への垂直な線は時間軸を示している．この図では，データは 3 つに分割され，各断片がパケット化されて次々と送信されていく．パケットが宛先ホストに到達するとパケットは元の順番に再構成され，元データが復元される．このような連続したパケットの流れを**パケットフロー**（packet flow，**フロー**）と呼ぶ．

情報媒体の伝送は一般に高速であるため，隣接した装置間の送受信で発生する時間遅れは非常に小さい．データ転送装置の受信時刻と送信時刻の差は主にパケットの処理待ち時間と転送処理の時間を加えたものである．ブリッジは動作が単純なためハードウェア処理ができ高速であるが，ルーターでの処理は時間がかかる．したがって，S が送信を開始してから D が受信するまでかかる時間は，主にルーターでの処理待ちと処理にかかる時間の和で近似される．

図 3.5(a) は，2 台のデータ転送装置に接続した 6 台のホストがパケット通信をしている様子である．S_1 から D_3 へ，S_2 から D_1 へ，S_3 から D_2 への 3 本のフローが同時に発生している．S_1〜S_3 が送信したパケットはまずデータ転送装置 A に送られる．これらのパケットは，**バッファー**と呼ばれる A 内のメモリに一旦格納され，その後，データ転送装置 B に送信される．パケットは，B でもバッファーに一旦格納された後，各パケットの宛先アドレスに従って D_1〜D_3 へ送信される．

3.3 通信パケットとパケットの配送

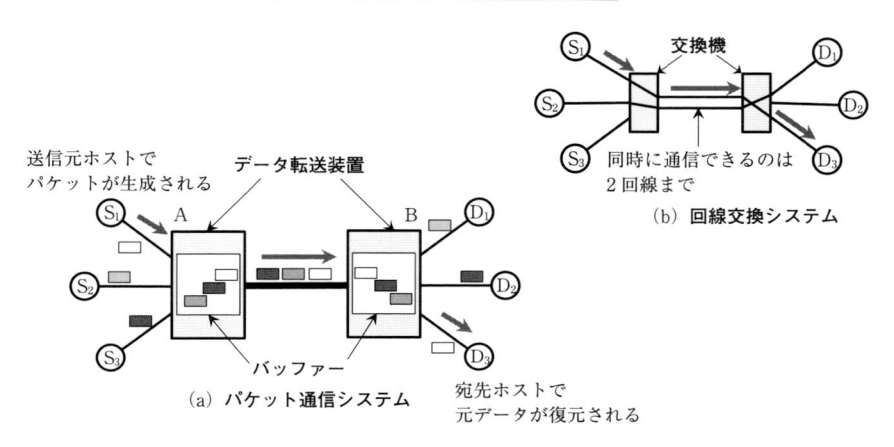

図3.5 パケット通信の特徴

図3.5(b)はアナログ電話のネットワークで使われていた**回線交換システム**である．パケット通信システムの特徴を回線交換システムと比較してみよう．回線交換システムでは送信機と受信機の間を交換機で接続して1本のケーブルにし，送信機から受信機に向けて通信信号を送り出す．このとき，送信機と受信機は送受信のタイミングを完全に合わせて送受信する．このことを**同期する**という．これに対してパケット通信システムでは，パケットをバッファーに一旦格納するため送受信のタイミングが送信側と受信側でずれても構わない．また，回線交換システムの場合，同時通信のフロー数は交換機と交換機の間にあるケーブルの本数が上限になる．一方，パケット通信システムでは1本のケーブルで複数のフローを同時に処理することができる．

回線交換システムでは同期して送受信されるため，送信速度と受信速度は一致している．しかし，パケット通信の場合は，他に通信がなければが速やかに転送されるが，混雑してくると処理待ちが発生して転送が遅くなる可能性があり，通信速度を保つことはできない．このことを**ベストエフォート型通信**と呼んでいる．音声や動画像は速くなったり遅くなったりすると視聴できないため，これらをパケット通信システムで送信するためには工夫が必要になる．さらにパケット通信システムでは，混雑が激しくなりデータ転送装置に大量のパケットが送信されると，バッファーにパケットが溜めきれず失われてしまうという現象が発生する．これを**パケットロス**(packet loss)という．

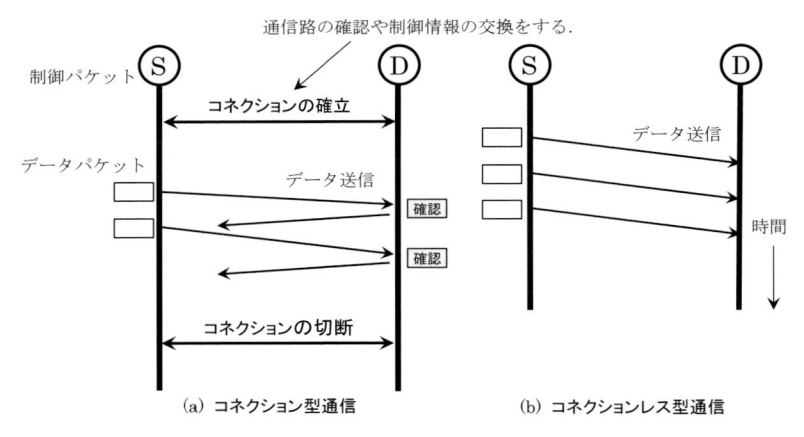

図3.6 コネクション型通信とコネクションレス型通信

3.3.3 コネクション型通信とコネクションレス型通信

電子メールやWWWでは，パケットロスによって通信データの一部が失われてしまうと文字コードがずれて文字を正しく復元することができない．文章を正しく復元するためにはすべてのデータが正しく届けられなければならない．このような通信を**高信頼性通信**という．高信頼性通信を行うには，データを送信する前に送信元ホストと宛先ホスト間で情報を交換して通信路を確認し，通信中もパケットの送受信を確認しながら通信を行う．このような通信のタイプを**コネクション**(connection)**型通信**という．コネクションとは，送信元ホストと宛先ホストの連絡のことで，送信元と宛先の2つのノードを直接つなぐ専用通路を設置して通信するというイメージである．この様子を図3.6(a)に示す．暗号化通信の場合も予め暗号化キーなどの交換が必要で，コネクション型通信を行う．

コネクション型通信に対して，宛先ノードとの情報交換なしにパケットを送る通信のタイプを**コネクションレス**(connectionless)**型通信**または**データグラム**(datagram)**型通信**と呼ぶ．ここで，データグラムはパケットのことである．送信元ホストは宛先ホストに予告なくデータ送信を開始する．

3.4 通信制御

ホスト間通信やデータリンク通信で送受信を調整することを**通信制御**という．送信側と受信側で通信のタイミングを合わせることを**同期**（synchronize）というが，パケット通信システムは 3.3.2 で述べたような非同期方式の通信であるため，同期制御はパケットの始まりを受信側に知らせることを指している．また，送信側からの送信速度が速すぎて，受信側が処理しきれないことがある．そのような場合は，受信側から適正な速度を送信側に通知し，送信側がその送信速度で送信する．このような制御を**フロー制御**という．さらに，通信中に発生するデータの誤りを検出し，訂正する仕組みは，**誤り制御**と呼ばれる．ビットエラーの検出や訂正およびパケットロスが発生したときに再送信する仕組みである．

この他，さまざまな通信制御がある．通信制御を行うため送信側と受信側は必要に応じて情報交換をしている．インターネット通信で用いられる主な通信制御を表 3.1 に示す．

表 3.1　主な通信制御

通信制御	内　容
同期制御	送受信のタイミングを合わせる． 受信側に通信の開始を知らせる．
フロー制御	適正な送信速度に保つ．
誤り制御	データのビットエラーを検出，訂正する． データが欠落したとき，再度，送信する．
経路制御	最適な通信経路を決める．ホスト間通信の制御．
ふくそう制御	通信の混雑を緩和する．ホスト間通信の制御．
ウィンドウ制御	通信速度の制御．ホスト間通信の制御．
シーケンス制御	パケットの順序を正しく整える．ホスト間通信の制御．

3.5 通信速度

3.5.1 定義と単位

1つのバイナリデータは**ビット**(bit)と呼ばれ，データ量はビットの個数で数えられる．コンピュータ内部で扱われるデータサイズには**バイト**(byte, B)という単位が用いられる．1バイトは通常8ビットである．一方，通信データのデータ長を表すには**オクテット**(octet)を用いる．1オクテットは8ビットを表している．

$$1 オクテット = 8 ビット$$

コンピュータ通信の通信速度は容量速度という種類のもので，単位時間に送信されるデータ量のことである．1秒間に送信されるビット数で表され，単位は**bps**(bit per second)である．

$$通信速度(bps) = 1 秒間に送信されるデータ量$$

通常，数値がかなり大きくなるため，表3.2に示すような補助単位を用いる．bpsに用いられる補助単位はSI単位系に準拠している．**B/s**(byte per second)は1秒間に送信されるバイト数で，補助単位はSI単位系のものとは異なりバイトに対して用いられる補助単位であるので注意が必要である．

表3.2 通信速度の補助単位

記号	名称	bps	B/s
K	kilo	10^3	1024
M	mega	10^6	1024^2
G	giga	10^9	1024^3
T	tera	10^{12}	1024^4
P	penta	10^{15}	1024^5

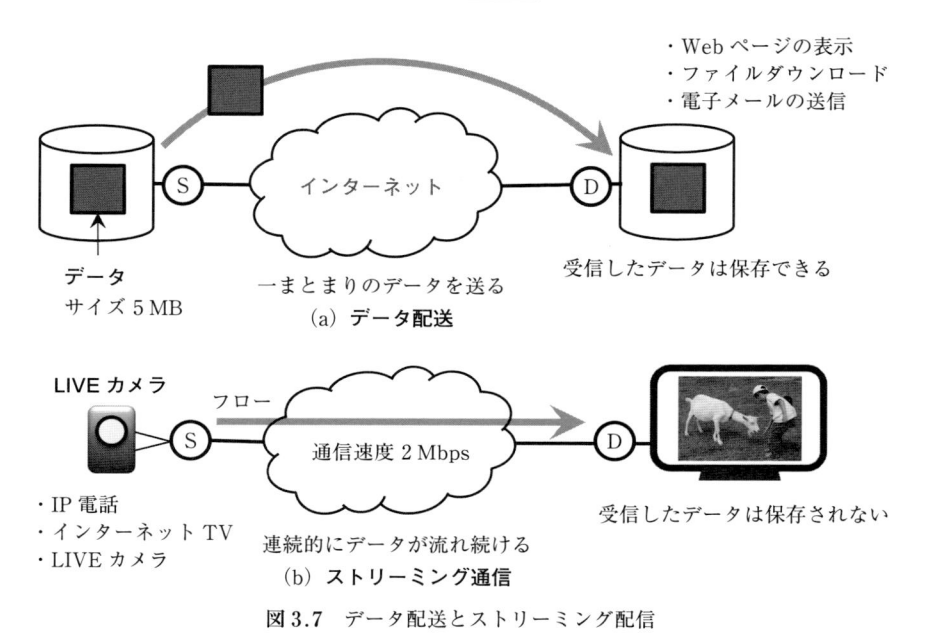

3.5 通信速度

・Web ページの表示
・ファイルダウンロード
・電子メールの送信

データ
サイズ 5 MB

一まとまりのデータを送る
受信したデータは保存できる
(a) **データ配送**

LIVE カメラ
フロー
通信速度 2 Mbps
受信したデータは保存されない

・IP 電話
・インターネット TV
・LIVE カメラ

連続的にデータが流れ続ける
(b) **ストリーミング通信**

図 3.7 データ配送とストリーミング配信

3.5.2 データ配送とストリーミング通信

　文書や画像のアップロードやダウンロードでは送信元ホストのストレージに保存されたファイル内のデータがメモリ上に取り出されて宛先に送り届けられる．このような通信は荷物の配送に例えて**データ配送**といわれる．Web ページの閲覧や電子メールの通信もこのタイプである．送信するデータのサイズはさまざまでコマンドの文字列のような小さなものから映画のように大きいサイズのデータもあり，送信されたデータは受信側のホストに保存される．データを送信し始めてからすべてのデータを受信し終わるまでが **1 フロー**である．

　それに対し，LIVE カメラの配信などでは，スタートすると映像が流れ始めストップすると配信が終了し，受信データは保存されない．このような連続した通信は水の流れに例えられ**ストリーミング通信**と呼ばれる．ストリーミング通信では送信した全データ量は重要でなく，毎秒送られてくるデータ量が重要である．ストリーミング通信では配信をスタートしてからストップするまでが 1 フローである．

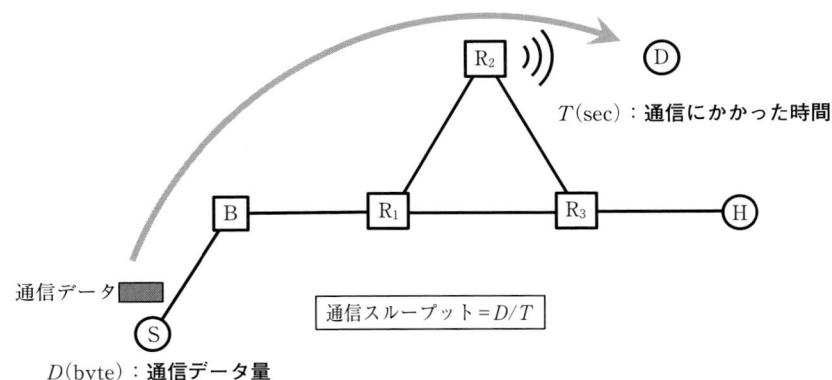

図 3.8 通信のスループット

3.5.3 通信のスループット

データ配送における通信速度についてみてみよう．図 3.8 はノード S からノード D に対してファイルを送信したところである．送信したファイルのデータ量を D とし，送信を開始してから受信完了するまでの時間を T とすると，平均通信速度は D/T となる．これを**スループット**（throughput）という．単位としては bps も使われるが B/s が使われることが多い．このときは表 3.2 の右欄に示された補助単位を用いる．

たとえば，5 MB のファイルを送信するのに 4 秒かかった場合のスループットは

$$5/4 = 1.25 \text{ MB/s}$$
$$= 1.25 \times 8 \times 1.024^2 \fallingdotseq 10.49 \text{ Mbps}$$

となる．

通信スループットは，送信元ホストの処理性能や NIC の送出速度，通信経路上のデータリンクの通信性能や混雑の度合いなど通信に関わるさまざまな要因に影響される．サーバーからのファイルダウンロードの速度が低い，という場合，サーバーの性能が低い，アクセスが集中している，通信路上のネットワークの性能が低い，通信路が混雑している，などの理由がある．

3.5 通信速度

フローXが占有する通信帯域
$$W_X = S \times n$$
S：パケットに含まれるデータサイズ
n：単位時間に送信されるパケット数

データリンクDL_1の最大通信帯域
W_{DL_1}：DL_1で単位時間に送信できるデータ量

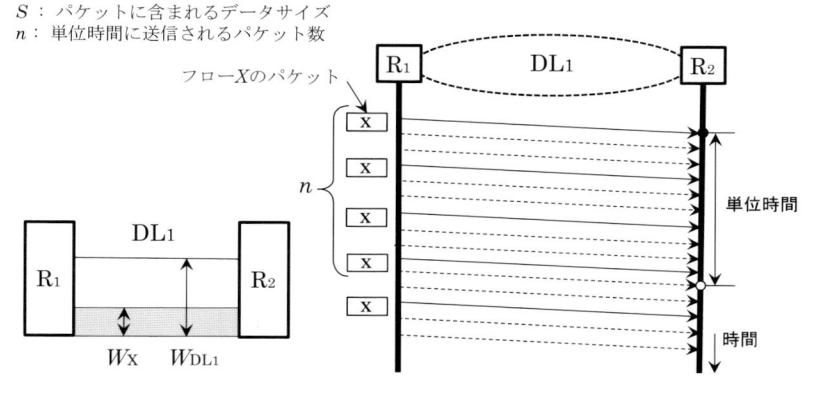

図 3.9 通信帯域

3.5.4 通信帯域

通信帯域（transmission bandwidth）W は，送信中にデータリンクで観測される通信速度やデータリンクの通信性能を表す概念である．図 3.9 では R_1 から R_2 に通信が行われている．これをフロー X とする．

フロー X のデータリンク DL_1 における通信帯域 W は，次の式で表される．
$$W_X = S \times n$$
ここで，S はパケットに含まれるビット数，n は単位時間に R_1 から R_2 へ送信されたパケット数である．単位は bps が用いられる．データリンクの通信能力は送受信する機器の性能で決まり，送信可能な**最大通信帯域**で表される．図 3.9 では，DL_1 の最大通信帯域は X の通信帯域よりも大きく，点線の部分は空いていることを示している．他のフローが来た場合 X と同時に送信する余力がある．データリンクの最大通信帯域は単にデータリンクの通信帯域と呼ばれることもある．

データ転送装置での通信パケットの処理は入場の受付に例えられる．パケットは到着と同時に空いている窓口で処理される．到着するパケットよりも窓口の数が多ければ窓口に空きが生じる．逆に窓口が少なければ列に並んで待つことになる．

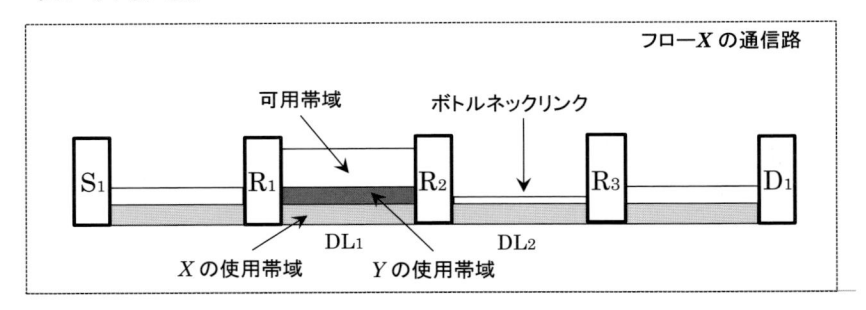

図 3.10 通信帯域の使用

　さて，送信ホストから受信ホストへ一定の通信帯域で連続的に送信されるストリーミング通信を考えよう．図 3.10 では，ストリーミング配信のフロー X とフロー Y が同時に発生している．フロー X は S_1 から R_1, R_2, R_3 を通って D_1 へ到達する．一方，フロー Y は S_2 から R_1, R_2, R_4 を通って D_2 に到達する．下の図にはフロー X の通信路に沿って，各データリンクでの通信帯域の使用状況が示されている．DL_1 では，2 つのフロー X, Y のパケットが同時に送信されている．DL_1 の使用帯域は 2 つのフローの通信帯域の和である．最大通信帯域に対する使用帯域の割合を**帯域使用率**あるは**帯域占有率**という．また，データリンクの最大通信帯域と，通信で使用されている通信帯域の差は**可用帯域**と呼ばれ，データリンクの通信能力の余力を示している．

　なお，DL_2 の最大通信帯域は，X の通信路上のデータリンクの中で最小である．S_1 と D_1 の性能が高くても，S_1-D_1 間では DL_2 の最大帯域以上の通信速度で通信することはできない．一般に DL_2 のようなデータリンクを**ボトルネックリンク**と呼ぶ．通信が集中しやすく可用帯域が小さくなりがちなデータリンクを指すこともある．

⟨3 章の課題⟩

3.1 次の用語を説明しなさい.
  (1) データリンク通信 / ホスト間通信
  (2) アドレス
  (3) 通信パケット
  (4) ベストエフォート型通信
  (5) コネクション型通信 / コネクションレス型通信
  (6) 通信制御
  (7) オクテット
  (8) 通信のスループット
  (9) 通信帯域

3.2 データリンク通信とホスト間通信の関係を説明しなさい.

3.3 宛先による通信のタイプにはどのようなものがあるか挙げなさい.

3.4 パケット通信システムの特徴を述べなさい.

3.5 データ配送とストリーミング通信の違いを述べなさい.

3.6 計算:
  (1) 送信ホストから宛先ホストに3Gビットのファイルを送信したところ1分かかった.通信スループット(B/s)はいくらか.ただし,有効桁数3桁の近似値で答えなさい.
  (2) 図3.10で,フローXの使用帯域は20Mbps,フローYの使用帯域は10Mbpsであった.次の問に答えなさい.
    (a) DL_1の可用帯域はいくらか.
    (b) DL_2での帯域使用率はいくらか.

4 通信のモデル

章の要約

本章では，インターネット通信のモデルである OSI 参照モデルについて学ぶ．通信プロトコルやパケット通信との関係も述べる．

4.1　コンピュータ通信のモデル

図 4.1 (a) はデジタル通信システムの基本的なモデルである．送信側では，まずメッセージ（文字）や音声などの情報がデジタルデータに変換される．これを送信機が信号に変換してケーブルや無線で送り出す．受信側では，受信機が信号を受信してデジタルデータに変換し，さらに元の情報が復元される．

図 4.1 (b) は，コンピュータの動作モデルである．アプリが OS に処理を依頼する．OS がハードウェアに指示をし，ハードウェアが実際に処理する．ハードウェアの処理結果は OS を介してアプリに返される．

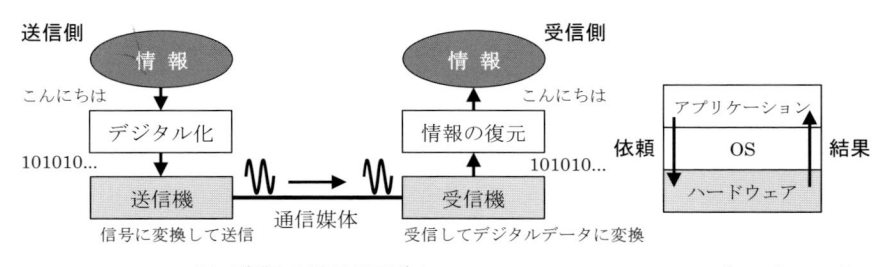

(a) デジタル通信のモデル　　(b) コンピュータのモデル

図 4.1　デジタル通信とコンピュータのモデル

4.1 コンピュータ通信のモデル 43

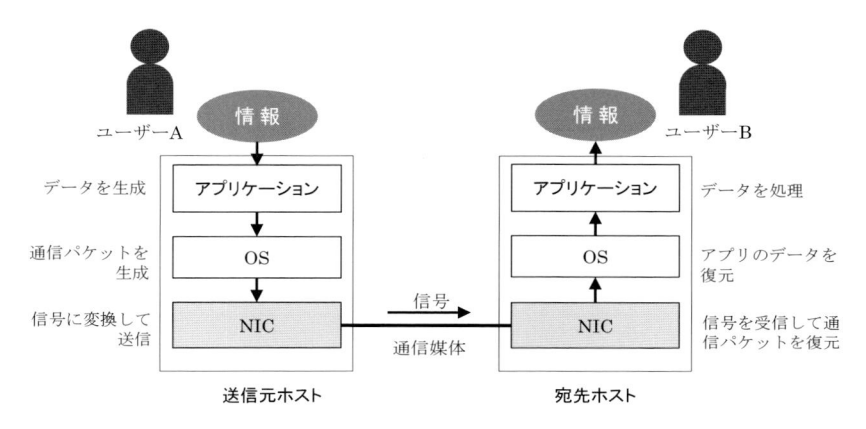

図 4.2 コンピュータ通信の簡易モデル

これらのモデルを組み合わせると図 4.2 のようなコンピュータ通信のモデルが考えられる．ユーザー A が送信元ホストのアプリケーションを操作して情報の送信を指示すると，アプリケーションはデジタルデータを生成して OS に渡す．OS は通信パケットを生成し NIC に指示して信号化する．信号は通信媒体を通り受信ホストに到達する．受信ホストの NIC は信号を受信し OS に渡し，OS は元データを復元してアプリケーションに渡す．こうしてユーザー B はユーザー A からの情報を受け取ることができる．このように送信ホストおよび受信ホストは同じ階層構造でモデル化される．

実際のデータ変換はもっと手順が長いため，階層構造はさらに詳細化できる．変換したデータを復元するためには，階層ごとに送信側と受信側が参照する通信プロトコルが必要である．ネットワークの通信方式を設計するということは，階層構造を設計し，階層ごとに通信プロトコルを定めることである．階層モデルと通信プロトコルをセットにしたものを，**ネットワークアーキテクチャ**と呼ぶ．本書で扱う TCP/IP もネットワークアーキテクチャの 1 つであり，通信プロトコルだけでなく TCP/IP の階層モデルも存在する．

しかし，現在のインターネットでは，ネットワークのモデルとしては次項で述べる OSI 参照モデルが用いられ，ホスト間通信やネットワークサービスに関しては TCP/IP 通信プロトコル，データリンク通信に関しては IEEE 802 委員会が策定した通信規格が用いられている．

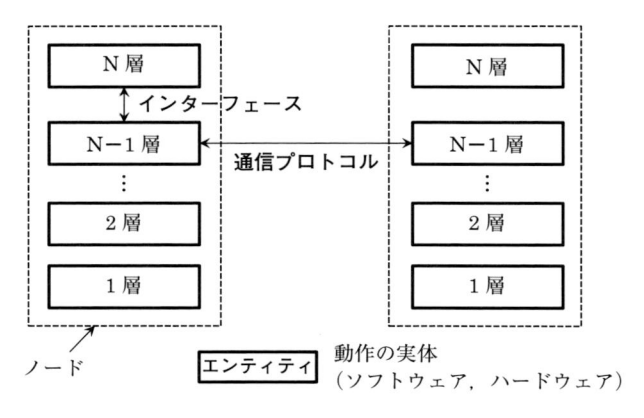

図4.3 OSI参照モデルの構造

4.2 OSI 参照モデル

4.2.1 OSI 参照モデルの構造

OSI 参照モデル（Open Systems Interconnection Reference Model，**開放型システム間相互接続参照モデル**）は，ISO（International Standard Organization，**国際標準化機関**）が策定したコンピュータネットワークの階層モデルである．OSI 参照モデルの構造を図4.3に示す．

OSI 参照モデルでは，最下層はハードウェアに対応し，その上にソフトウェアの階層が積み重ねられている．ユーザーは最上位層の上に位置する．各階層の実体は**エンティティ**（entity）と呼ばれ，ハードウェアとソフトウェアが含まれる．通信プロトコルは送信元と宛先の同一階層のエンティティを対応づけるもので，通信プロトコルが一致していればその階層での通信が成立する．同一階層の対応しているエンティティを**ピア**（peer）という．**通信プロトコル**（protocol）はピアどうしが了解しているべき通信規約である．実際のデータは階層を上下方向に流れるため，上下の階層間でデータが受け渡される．こちらは**インターフェース**（Interface）と呼ばれている．同じ機器内のエンティティの設計や開発はある程度容易であるが，ピアどうしは一般に製造業者や製造国が異なるため難しく，通信プロトコルの重要度は高い．

4.2 OSI 参照モデル

番号	階層名	役割
7層	アプリケーション	インターネットサービス
6層	プレゼンテーション	データ表現（符号化，暗号化）
5層	セッション	セッションの管理
4層	トランスポート	ホスト間通信の通信制御
3層	ネットワーク	ホスト間通信のデータ配送
2層	データリンク	データリンク通信のデータ配送，通信制御
1層	ハードウェア(物理)	情報媒体の信号伝送

図 4.4　OSI 参照モデルと各層の役割

4.2.2　各層の役割

　OSI 参照モデルは図 4.4 に示すような 7 階層のモデルである．データリンク通信は第 1 層と第 2 層によってカバーされている．第 1 層は通信媒体に対応する層で，ケーブルの仕様や信号化の方式が規定される．第 2 層にはデータリンク通信のアドレスや配送方式，通信制御法が含まれる．ホスト間通信は第 3 層と第 4 層が対応し，アドレスや配送方式は第 3 層，通信制御は第 4 層が分担している．第 2～4 層の通信プロトコルは OS が実装している．

　インターネットサービスには，IP 電話やチャットのように送信元ホストと宛先ホストの間でやり取りが続くサービスがある．**セッション**（session）はこのようなサービスで会話を始めてから終了するまでを指す概念であり，管理は第 5 層が担当する．第 6 層は情報の表現に関する階層で，文字コードなどの情報の符号化，暗号化に関するプロトコルが含まれる．ユーザーにインターネットサービスを提供するアプリケーションは第 7 層のプロトコルで規定される．

　OSI 参照モデルの第 5～7 層は，**TCP/IP の階層モデル**（図 4.5）ではアプリケーション層に対応している．WWW や電子メールなどは TCP/IP のアプリケーションプロトコルであるため，OSI 参照モデルでは 1 つの階層に分類することはできない．そのため，第 5～7 層に階層を渡って分類されている．さらに，これらの階層にはホスト間通信を補佐するプロトコルも含まれる．

OSI参照モデル		通信プロトコル		TCP/IP階層モデル
7層	アプリケーション	HTTP, SMTP, POP, IMAP SSH, FTP,MIME DNS, DHCP, SNMP, NTP RIP, BGP		アプリケーション層
6層	プレゼンテーション			
5層	セッション			
4層	トランスポート	TCP, UDP		トランスポート層
3層	ネットワーク	IP, ICMP,ARP, IPv6,ICMPv6		インターネット層
2層	データリンク	IEEE802.2	Ethernet	インターフェース層
1層	物理（ハードウェア）	IEEE802.3 IEEE802.11b/g/a/n/ac		（ハードウェア）

図 4.5　主な通信プロトコル

4.2.3　主な通信プロトコル

　各階層の主な通信プロトコルを図 4.5 に示す．下の階層からみていくと，Ethernet，IEEE 802.3 はケーブル接続のデータリンク，IEEE 802.11b/g/a/n は無線 LAN に関する通信規格である．TCP/IP の TCP はホスト間通信の通信制御を担当して第 4 層，IP はホスト間通信のパケット配送に関するプロトコルで，ICMP，ARP とともに第 3 層に分類されている．IPv6，ICMPv6 も同じ階層に含まれる．

　5 層以上のプロトコルでは，まず WWW 通信のプロトコル HTTP があげられる．電子メール関連では，SMTP，POP，IMAP，MIME があげられる．コンピュータの遠隔操作 SSH，ファイル転送 FTP のプロトコルもある．また，DNS，DHCP はホスト間通信を補佐するプロトコルである．SIP はセッション管理のプロトコルで IP 電話に用いられている．

　通信時に用いられる各階層のプロトコルのセットは**プロトコルスタック**と呼ばれている．プロトコルのニーズによって上下の階層のプロトコルが限定される場合もある．たとえば，HTTP と TCP と IP，IEEE 802.2 と IEEE 802.3 などである．新しいネットワークアプリケーションやプロトコルを開発する際には，プロトコルスタックをきちんと設計し公開する必要がある．

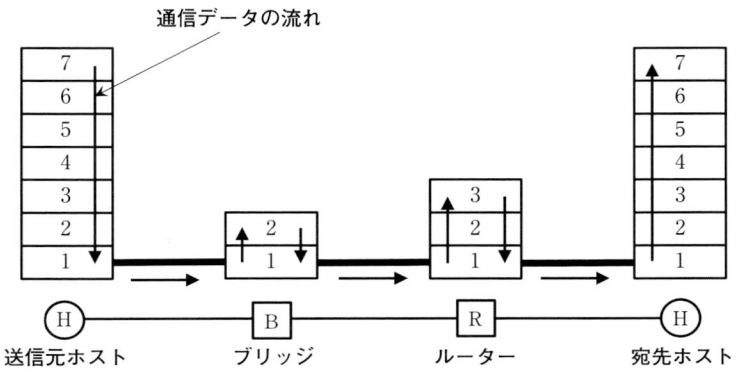

図 4.6　OSI 参照モデルと通信の流れ

4.3　OSI 参照モデルとパケット通信

　送信元ホスト→ブリッジ→ルーター→宛先ホストという経路の通信を考える．図 4.6 は，各機器を OSI 参照モデルで表し経路に沿って記述したものである．ホストは OSI 参照モデルの 1〜7 階層をすべてカバーしているため，7 階層 (L7) で表されている．ルーターはホスト間通信のパケット配送時に経路選択を行うため 3 階層 (L3) である．一方，ブリッジはデータリンクから他のデータリンクへのデータ転送をするだけであるため 2 階層 (L2) で表される．このような理由から，ブリッジを集約したスイッチングハブは **L2 スイッチ**，ルーターの機能をもつスイッチは **L3 スイッチ**と呼ばれている．

　通信データを送信する場合は，アプリケーションからハードウェアに向かって処理が進む．これをモデルでみると，通信データが送信元ホストの OSI 参照モデルの上位層から下位層に向かって順に処理されていくことに相当する．最下位に到達すると情報媒体を通って隣接したブリッジに送信される．ブリッジに到達すると，通信データは第 2 層に渡され，第 2 層で処理されて再び第 1 層に渡される．ルーターでは第 2 層→第 3 層→第 2 層と処理が進み，第 1 層から宛先ホストに送信される．このようにして宛先ホストに到達すると，下から上に処理が進み，最終的に通信データがアプリケーション層に渡される．

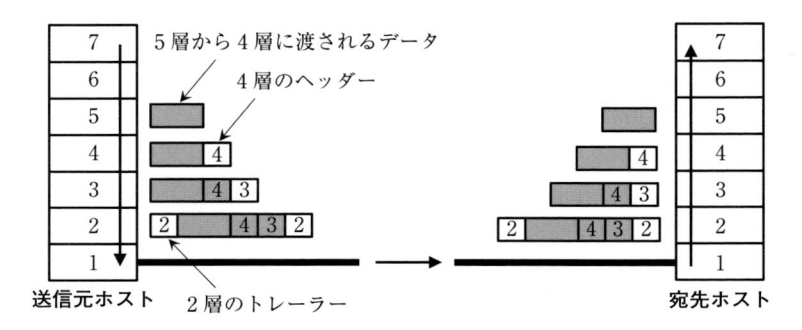

図 4.7 OSI 参照モデルと通信パケットの生成

　この通信で，送信元ホストおよび宛先ホストでの通信データの変化を表したのが図 4.7 である．上位層から渡されたデータはペイロードと見なされ，ヘッダーが付加されてパケット化される．このパケットがさらに下位階層に渡されると，いま，付与されたヘッダーを含めてペイロードと見なされ，下位層のヘッダーが付加される．このように，通信パケットは階層を下るごとにヘッダーが付加されていく．

　図 4.7 の左側では，送信元ホストの第 5 階層から第 4 階層にデータが渡されるところから始まっている．グレーの部分がペイロードである．第 4 階層で付与されたヘッダーは第 3 階層のパケットのペイロードに含まれていることがわかる．ヘッダーは階層を下るたび，パケットの先頭に付与されていく．

　宛先ホストに到達すると，今度は下位層から上位層に渡される際，ヘッダーが取り去られていき，最上位層で元の情報が復元される．図ではブリッジやルーターは省略しているが，これらのデータ転送装置を通過するときはヘッダーチェックが行われる．ブリッジでは，ヘッダーチェックだけで付け替えは発生しないが，ルーターでは第 3 層のヘッダーが一部書き換えられ第 2 層のヘッダーが付け替えられることになる．詳しくは 9.1 で述べる．

　ヘッダーを封筒，ペイロードを封筒の中身に例えると，パケットの生成は，手紙を書いて個人名宛の封筒に入れ，それを部課宛の封筒に入れ，さらに会社宛の封筒に入れるといった状況に相当する．

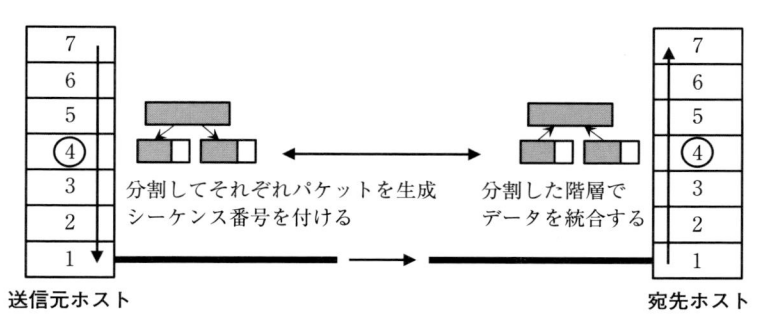

図4.8 通信データの分割

5.2.2で述べるようにデータリンクでは，使用する通信規格によって送信できるパケットの最大サイズが決まっている．このサイズよりも大きい通信データは分割しなければ送信できない．

図4.8は第4層で分割が起こった場合を表している．第5層から渡された通信データが第4層で分割され，復元する際の順番や位置を含むヘッダーが付与されて第3層に渡される．分割されたパケットは，宛先ホストに到達すると第4層で統合され通信データが復元される．

分割は，第4階層だけで行われるわけではなく，アプリケーションが分割する場合もあれば，第3層でOSが分割する場合もある．しかし，パケットの分割と統合は手間のかかる処理であるため，1つのフローが異なる階層で何度も分割されると通信効率が著しく低下する．そこで，第4層で分割する場合は第3層以下でさらに分割されないようにする工夫がされている．第3層では大きなパケットを受信すると9.4で述べるような仕組みを用いて分割送信する．ストリーミング配信では，送信側のアプリケーションが小さなサイズのパケットを生成し下位層ではパケットの分割が発生しないようにしている．

〈4章の課題〉

4.1 次の用語を説明しなさい．
 (1) ネットワークアーキテクチャ
 (2) OSI 参照モデル
 (3) エンティティ
 (4) ピア
 (5) インターフェース
 (6) プロトコルスタック
 (7) L2 スイッチ/L3 スイッチ

4.2 OSI 参照モデルの第 2～4 層のエンティティは，ハードウェア，OS, アプリケーションソフトウェアの中のどれであるか説明しなさい．

4.3 図 4.3 に即して"通信プロトコル"を説明しなさい．

4.4 リピーターの階層構造を 2.1.4 および図 4.6 を参考にして述べなさい．

4.5 通信の過程でモデルの階層を下るとき，どのような通信パケットの処理が行われているか説明しなさい．また，上るときはどうか．

4.6 OSI 参照モデルの各階層および対応する TCP/IP 階層の名称をすべて挙げなさい．

4.7 サイト訪問：
 (1) OSI 参照モデルは ISO/IEC 7498 としてドキュメントが公開されている．ISO の Web サイトを訪問し，ISO/IEC 7498-1 の preview で目次を確認しなさい．（ドキュメントは有料なので注意）
 (2) IETF の Web サイトを訪問し，RFC Pages ＞ RFC Index で RFC 一覧を確認しなさい．
  なお，RFC 番号やプロトコル名で WWW 検索すると TCP/IP プロトコルのドキュメントを読むことができる．

RFC(Request for Comments)

RFC: 791　　　　　　　　　　　　　　　　　　　September 1981
Replaces: RFC 760
IENs 128, 123, 111,
80, 54, 44, 41, 28, 26

INTERNET PROTOCOL

DARPA INTERNET PROGRAM
PROTOCOL SPECIFICATION

1. INTRODUCTION

1.1. Motivation

   The Internet Protocol is designed for use in interconnected systems of packet-switched computer communication networks. Such a system has been called a "catenet" [1]. The internet protocol provides for transmitting blocks of data called datagrams from sources to destinations, where sources and destinations are hosts identified by fixed length addresses. The internet protocol also provides for fragmentation and reassembly of long datagrams, if necessary, for transmission through "small packet" networks.

1.2. Scope

   The internet protocol is specifically limited in scope to provide the functions necessary to deliver a package of bits (an internet datagram) from a source to a destination over an interconnected system of networks. There are no mechanisms to augment end-to-end data reliability, flow control, sequencing, or other services commonly found in host-to-host protocols. The internet protocol can capitalize on the services of its supporting networks to provide various types and qualities of service.

1.3. Interfaces

   This protocol is called on by host-to-host protocols in an internet environment. This protocol calls on local network protocols to carry the internet datagram to the next gateway or destination host.

   For example, a TCP module would call on the internet module to take a TCP segment (including the TCP header and user data) as the data portion of an internet datagram. The TCP module would provide the addresses and other parameters in the internet header to the internet module as arguments of the call. The internet module would then create an internet datagram and call on the local network interface to transmit the internet datagram.

IP プロトコル (RFC791) の RFC 文書の冒頭部分.

5 データリンク通信の基礎

章の要約

第Ⅱ部ではデータリンク通信について学ぶ．本章では，データリンクの構造，MACアドレス，フレームとその配送，および通信制御について述べる．信号伝送についても触れる．

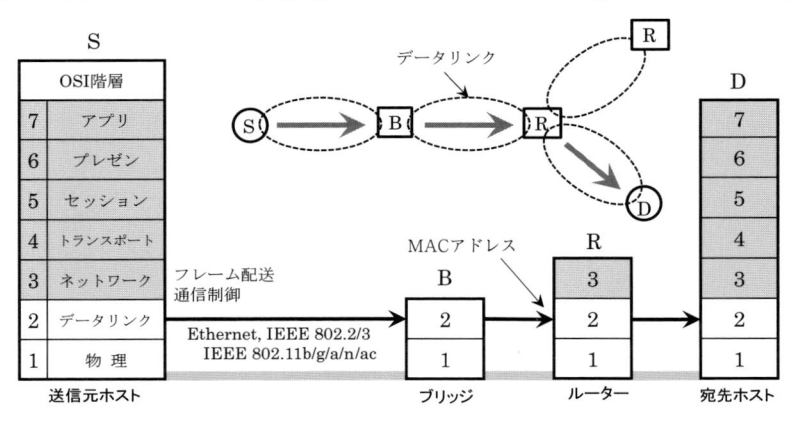

5.1 データリンク通信の要素

図 5.1 に示すように，データリンク通信に対応する OSI 階層は第 1 層と第 2 層である．第 2 層ではフレームの配送が規定され，第 1 層では通信媒体と信号の送受信が規定されている．通信規格としては，ケーブル接続の Ethernet（イーサネット），IEEE 802.2/3，無線 LAN の IEEE 802.11b/g/a/n/ac などが含ま

図 5.1　データリンク通信の階層

5.1 データリンク通信の要素

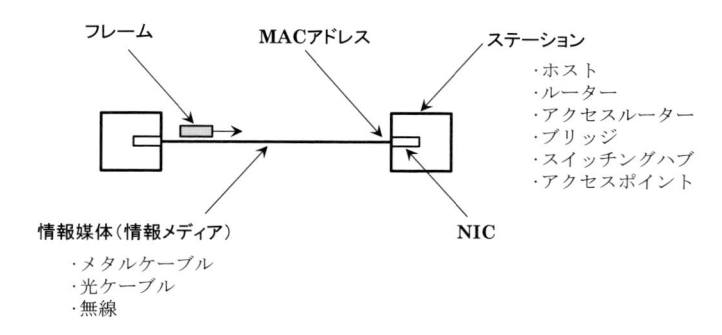

図5.2 データリンクの基本構造

れる．

5.1.1 データリンクの基本構造

図5.2にデータリンクの基本構造を示す．データリンク通信でデータの送信元や宛先になる装置は**ステーション**（station）と呼ばれる．ホストだけでなく，データ転送装置もステーションである．

また，データリンク通信では，通信パケットを**フレーム**（frame）と呼ぶ．ステーションの識別には**MACアドレス**（Media Access Control address）が用いられ，送信元ステーションから宛先ステーションにフレームが送信される．

ケーブルを通信媒体とするデータリンクと無線を通信媒体とするデータリンクでは，通信媒体だけでなくデータリンク層で規定されるフレームの構造やデータ配送方式が異なっている．そのため，通信規格もデータリンク層と物理層を両方カバーしている．そこで，本書では，ケーブルデータリンク，無線データリンクと呼び，6章と7章で別々に解説する．

また，ブリッジやスイッチングハブ，アクセスポイントはデータリンク通信の技術として扱われる．スイッチングハブに関する技術については6.3で述べる．

```
        6 オクテット (48 bit)        コロン区切り十六進表記
         00:12:34:56:78:9A
          3 オクテット    3 オクテット
   ┌─┬─────────────┬─────────────┐
   │1│2            │             │
   │ │ベンダー識別子(OUI)│ ベンダー内識別子  │
   └─┴─────────────┴─────────────┘
    ↑
  フラグ    フラグ1: ユニキャスト 0   マルチキャスト 1
           フラグ2: ユニバーサル 0   ローカル     1
```

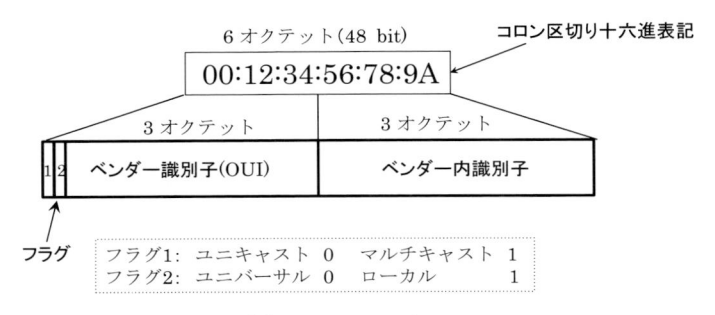

図 5.3 MAC アドレス

5.1.2 MAC アドレス

　MAC アドレスの構造を図 5.3 に示す．MAC アドレスは 6 オクテット（48 ビット）のバイナリ列で，1 オクテットごとに十六進数で表しコロン（：）でつないで表記する．MAC アドレスの先頭 2 ビットはアドレスの種類やアドレス通用する範囲を区別するフラグである．先頭ビットはユニキャスト通信用とマルチキャスト通信用の区別を表し，通常はユニキャストを表す 0 になっている．2 番目のビットは通用範囲がインターネット全体か限定された範囲かを表し，通常は 0 になっている．ただし，ネットワークビットオーダーがリトルエンディアンであることに関連して，バイトごとにビット順が逆転しており，フラグ 1 は実際には 8 ビット目，フラグ 2 は 7 ビット目であることに注意されたい．

　それに続く 3 ビット目から 24 ビットまでは**ベンダーアドレス**，25 ビット目以降は**ベンダー内アドレス**である．ベンダーというのは NIC を製造販売している業者のことである．ベンダーは IEEE から **OUI**（Organizationally Unique Identifier）という ID の配布を受ける．これがベンダーアドレスである．また，社内で 3 オクテットの ID を生成し，これをベンダー内アドレスとする．ベンダーは，これらのアドレスを組み合わせて MAC アドレスを生成し，製造した機器の NIC の不揮発性メモリ（ROM）に記録して出荷する．

　また，データリンク内で MAC アドレスが重複していると通信はできないが，唯一性が保障されているわけではない．なお，ブロードキャスト用の MAC アドレスは FF:FF:FF:FF:FF:FF である．

5.1 データリンク通信の要素　　　　　　　　　　　　　55

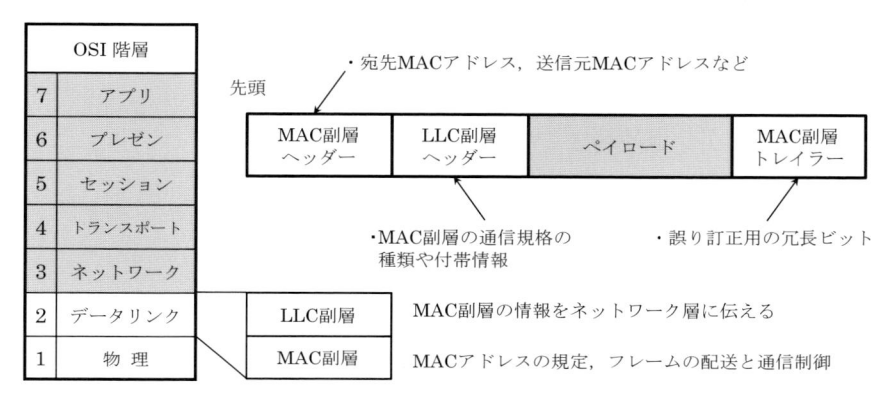

図 5.4 フレームの構造

5.1.3 フレームの構造

図 5.4 に示すようにデータリンク層はいくつかの副層から成り，フレームの配送は主に最下層の **MAC**（Media Access Control，メディアアクセス制御）**副層**で規定される．**LLC**（Logical Link Control，論理リンク制御）**副層**は，MAC 副層のプロトコルの種類や付随する情報をネットワーク層のプロトコルに伝える役割をもっている．本書で取り上げる通信規格はコネクションレス型，ベストエフォート型の通信方式であるが，これら以外のデータリンク通信規格ではコネクション型のものや帯域制御が行えるものもある．LLC 副層はそのような通信のタイプを上位層に伝えるための階層で，通信プロトコルとしてはIEEE 802.2 がある．LLC 副層は，IEEE 802.3 や IEEE 802.11b/g/a/n/ac とIP の組合せでは重要性は低いが，それ以外のデータリンク通信規格で活用されている．

フレームのヘッダーやトレイラーは副層の構造を反映し，外側が下位の階層で内側が上位の階層となっている．先頭は MAC 副層のヘッダーとなり，宛先MAC アドレスおよび送信元 MAC アドレスが格納されている．

なお，Ethernet は，IEEE による標準化以前の規格であるため副層の概念はなく，図 6.2 に示すように単一のヘッダーをもっている．

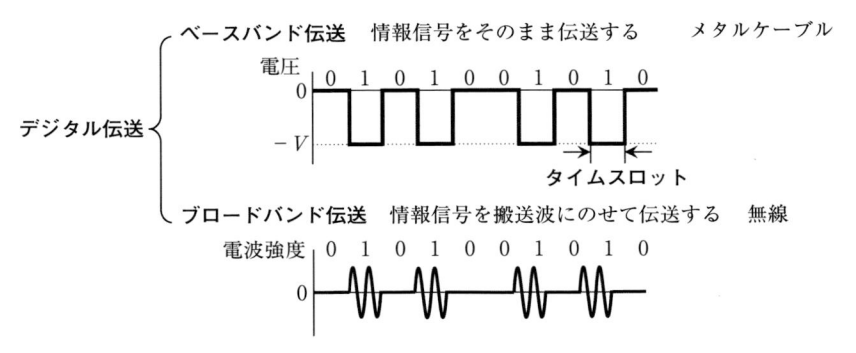

図5.5 情報媒体を流れる信号

5.1.4 通信媒体と信号

　デジタルデータは電気信号に変換されて情報媒体を伝送する．バイナリデータを表す電気信号を**ベースバンド信号**(baseband signal)あるいは情報信号と呼ぶ．情報信号の扱いによって，デジタル伝送は図5.5に示すような2つの伝送方式に分類される．1つは**ベースバンド伝送**(baseband transmission)と呼ばれる方式で，もう1つは**ブロードバンド伝送**(broadband transmission)と呼ばれる方式である．

　ベースバンド伝送は，情報信号をそのまま伝送する方式で，メタルケーブルで用いられている．光ケーブルの場合は情報信号をさらに光パルスに変換して送信する．図5.5は最も単純な信号化の例で，グランド以上を0，$-V$ボルト以下を1とする矩形波で表した場合である．実際の情報信号は，高速化やノイズによるエラー低減を目的として改良された複雑な信号である．

　無線通信では，電波を**搬送波**(carrier wave)として，搬送波に情報信号を合成して送信する．あるいは搬送波で0と1を表現して送信する．これがブロードバンド伝送である．ブロードバンド伝送では，搬送波に情報信号を合成することを一次変調という．図5.5では単純な一次変調方式を示したが，実際には改良された一次変調方式が用いられている．さらに高速化するため，多重化して送信される．

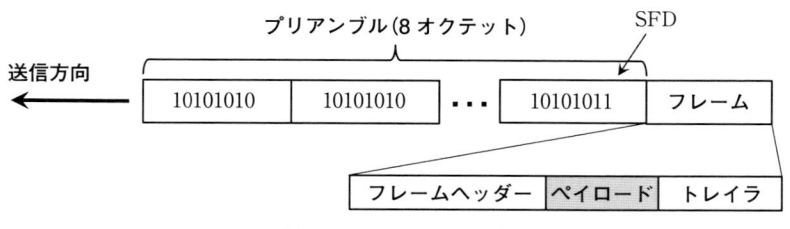

```
                プリアンブル(8オクテット)        SFD
              ┌─────────────────────┐    ↓
送信方向      ┌────────┬────────┬───┬────────┬──────┐
  ←         │10101010│10101010│...│10101011│フレーム│
              └────────┴────────┴───┴────────┴──────┘
                                          ┌─────────┬──────┬─────┐
                                          │フレームヘッダー│ペイロード│トレイラ│
                                          └─────────┴──────┴─────┘
```

図 5.6　フレームの配送

5.2　フレームの配送

5.2.1　プリアンブル

データリンクで宛先ステーションにフレームを送信するときは，送信元ステーションは送信前に**プリアンブル**と呼ばれる予告データを送信する．IEEE 802.3 Ethernet の場合を図 5.6 に示す．プリアンブルは 1 と 0 の繰返しで最後に SFD（Start Frame Delimiter）と呼ばれる 11 を送信した後，フレームのデータが始まる．宛先ステーションはプリアンブル信号を検知すると受信準備に入り SFD の受信を合図にフレームのビットを取得開始する．無線データリンクでも同様にフレーム送信直前にプリアンブルが送信される．これがデータリンク通信の同期制御の仕組みである．

5.2.2　最大転送単位

データリンク通信では，通信規格によって送信できるペイロードの最大サイズが決まっている．これを**最大転送単位**（Maximum Transmission Unit, **MTU**）という．MTU よりも大きいペイロードが上位層から渡された場合，送信しない．MTU には 3 層以上のヘッダーが含まれることに注意しよう．

本書で取り上げる IEEE 802.3 の MTU は 1492 オクテットで，Ethernet および IEEE 802.11b/g/a/n/ac, Bluetooth, WiMAX は 1500 オクテットであるが，データリンク通信規格によってさまざまな MTU がある．

```
          ST A          ST B            ST A          ST B
```

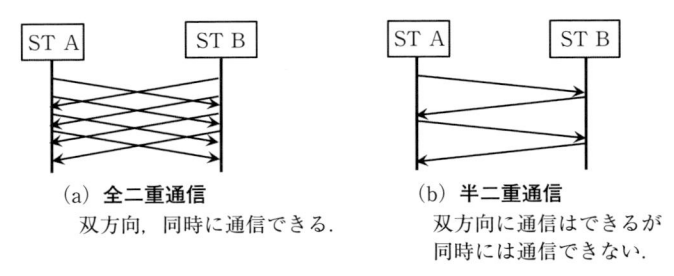

```
  (a) 全二重通信              (b) 半二重通信
  双方向，同時に通信できる．    双方向に通信はできるが
                              同時には通信できない．
```

図 5.7 全二重通信と半二重通信

5.2.3 全二重通信

2つのステーション間で双方向に通信を行うことを**二元接続**（duplex access）という．図 5.7 は，ステーション A と B が双方向に通信している様子を表している．図 5.7 (a) は**全二重通信**（full duplex）といい双方向通信が同時に行われている．図 5.7 (b) は**半二重通信**（half duplex）で，双方向の通信であるが同時ではなく通信は交互に行われている．

半二重通信は，2つのステーションの間の通信路が1つしかない状態で双方向通信をするために用いられていた方式で，たとえば，同軸ケーブルのように芯線が1本のケーブルで接続する場合である．A から B の通信と B から A の通信を別々の芯線で通信できれば全二重通信をすることができる．現在，使われているケーブルは芯線が複数あるため全二重通信ができ，半二重通信がサポートされていない規格もある．

無線の場合，全二重通信には2つの方式があり，**時分割二元化**（TDD, Time Division Duplex）では時間的に交互に送信する．**周波数分割二元化**（FDD, Frequency Division Duplex）では2つの方向で異なる周波数帯の搬送波を使用する．

このように，ケーブル，無線どちらのデータリンクも，全二重通信を行っている．全二重通信の場合，方向によって最大通信帯域を変える，ということも可能である．主に Web アクセスを利用するユーザーの通信データ量は上りよりも下りの方が大きいため，上りと下りで通信帯域が異なるサービスを提供している ISP もある．

情報ビット				パリティ検査ビット		
A	B	C	D	X	Y	Z
1	1	0	0	0	0	1
1	1	0	1	0	1	0

X: A,B,Cの1の個数が奇数なら1, 偶数なら0
Y: A,B,Dの1の個数が奇数なら1, 偶数なら0
Z: A,C,Dの1の個数が奇数なら1, 偶数なら0

(7,4,3-ハミング符号の例)

図 5.8　誤り訂正符号の例

5.3　データリンク通信の通信制御

5.3.1　通信制御

データリンク通信における主な通信制御としては，5.2.1で述べた同期制御，誤り制御，フロー制御，コリジョンの制御がある．フロー制御については6章および7章で述べ，ここでは誤り制御および情報媒体の共有とコリジョンについて述べる．

5.3.2　誤り制御と誤り訂正符号

信号が通信媒体を通過するとき，ノイズが発生して，バイナリデータのビットの0を1，1を0と誤って受信してしまうことがある．これを**ビットエラー**という．シールドされたケーブルは外部の影響を受けにくい情報媒体であるが，銅線内の電子は熱によって不規則な運動をするため**熱雑音**が発生し除去することができない．熱雑音の場合，10^{-9}程度の確率でランダムにビットエラーが発生するといわれている．このようなノイズを**ランダムノイズ**と呼ぶ．これに対して，雷など通信媒体が強い電場に晒されたときに高確率で発生するノイズは**バーストノイズ**と呼ばれる．

ビットエラーを検出し，訂正することを誤り訂正という．誤り訂正を行うため，受信したデータを調べて誤り訂正ができるようにデータを予め変換して送信する．変換されたデータは誤り訂正符号と呼ばれる．

誤り訂正符号では，元データに**パリティ検査ビット**と呼ばれるビットを付加して，受信データのビットエラーを検査，訂正する．図5.8に誤り訂正符号の例を示す．情報ビットというのは元データのビット列で，この例ではピックアップした情報ビットの組合せに対して3つの偶数パリティを計算し，その結果をパリティ検査ビットとして付加する．

上段のデータの情報ビットDは0であるが，通信中にノイズがのって1になったとしよう．受信側でパリティを計算すると下段のようにX＝0，Y＝1，Z＝0になる．パリティ検査ビットと比較すると，Xは一致しYとZが不一致である．もしAがエラーであるとすると，X，Y，Zのすべてが不一致であり，BやCがエラーならXが不一致になるはずであるから，Dのビットにエラーが発生していることがわかる．パリティ検査ビットにエラーが生じた場合は，そのビットだけ単独で不一致になるため，パリティ検査ビット自身のエラーであることがわかる．この符号化方式は7,4,3-ハミング符号と呼ばれ，1ビット以下であればこのようにしてビットエラーの検出および訂正ができる．ランダムノイズの発生頻度は小さいため，1ビットエラーの誤り訂正の効果は大きい．

ビットエラーの検出・訂正をさらに強化した符号化法に巡回符号がある．検査ビットを付加したビット列のパターンが類似しており，先頭ビットと末尾ビットが連続しているとして各ビットを適当にシフトすると他のビット列と同じパターンになるため，**巡回符号**（Cyclic Redundancy Code，CRC）と呼ばれている．巡回符号では，情報ビット列を係数とする多項式を考え，生成多項式と呼ばれる多項式で割って余りの多項式（剰余多項式）を求める．この多項式の係数ビット列をパリティ検査ビットとして付加する．巡回符号は2ビット以上の誤り訂正能力をもつため，バーストノイズに対処できる．

本書で紹介するケーブルや無線のイーサネットではCRC方式でパリティ検査ビットを計算し，トレイラーに**FCS**（Frame Check Sequence）として格納する．FCSはフレームに発生するビットエラーの検出に用いられている．高速データリンク通信ではさらに強力な誤り訂正符号が用いられている．誤り訂正符号の原理や方式については，情報符号理論を勉強することを推奨する．

(a) メディア非共有型データリンク　　　**(b) メディア共有型データリンク**

該当するステーションにだけ送信される　　すべてのステーションが受信する
　　　　　　　　　　　　　　　　　　　　該当しないステーションはフレームを破棄する

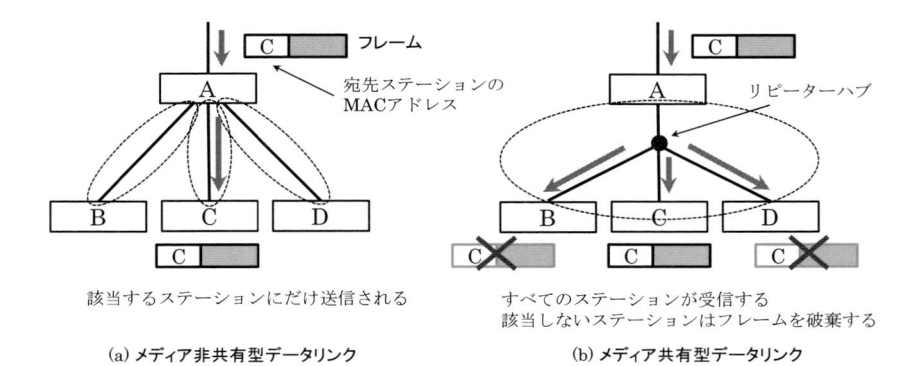

図 5.9 情報媒体の共有とフレーム配送

5.3.3 情報媒体の共有とコリジョン

　データリンクは，各ステーションと情報媒体の関係で2つのタイプに分けられる．図5.9(a)では，ステーションAに到達したC宛のフレームは，Cのみに届けられ，BやDには配送されない．このようなデータリンクを**メディア非共有型データリンク**と呼ぶ．これに対して，図5.9(b)ではC宛のフレームはB，C，Dすべてのステーションに届けられる．このようなデータリンクは**メディア共有型データリンク**を呼ばれる．

　スイッチングハブで構成されるスター型のデータリンクは，メディア非共有型データリンクとして構成されることが多い．図5.9(b)もスター型であるがブリッジからのケーブルをリピーターハブで分岐させた構成である．同軸ケーブルの芯線にステーションのケーブルを接触させることにより，バス型やリング型のメディア共有データリンクなども構成できる．同一周波数帯の無線データリンクもメディアを共有しているといえる．

　メディア非共有型データリンクでは，宛先ごとに別々の情報媒体を通って配送されるため，宛先ステーションには自分宛でないフレームは配送されない．一方，メディア共有型データリンクでは，同一データリンク内のすべてのステーションにフレームが届くため，各ステーションは届いたフレームの宛先MACアドレスを調べ，該当するステーション以外のステーションは受信したフレームを廃棄しなければならない．

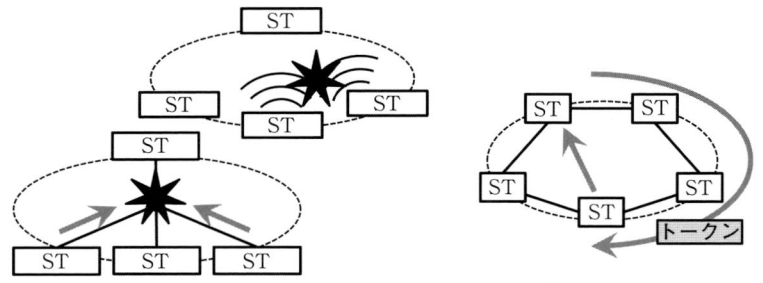

フレームを送信する．
コリジョンが発生したら再送する．
(a) **コンテンション方式**

トークンを受信したステーションだけが
フレームを送信する．
(b) **トークンパッシング方式**

図 5.10 コリジョンの制御

　メディア共有型データリンクで2台のステーションが同時に送信を始めると電気信号が衝突してフレームが壊れてしまい，送信データを正しく受信できなくなる．これを**コリジョン**という．コリジョンの解決はデータリンク通信の重要な課題である．

　図5.10に示すようにコリジョン対策には2つの考え方がある．1つは**コンテンション方式**でとにかく送信し，コリジョンが発生したら再送信するというものである．もう1つは**トークンパッシング方式**といい，トークンと呼ばれる制御フレームを順に回し，トークンを受け取ったステーションだけがフレームを送信できるというものである．トークン方式の場合コリジョンは発生しないが，ネットワークが空いているとき，すなわち送信要求の発生頻度が低い通信状況のときにトークンを待つのは非効率である．

　初期のケーブルデータリンクはメディア共有型であったためコリジョンが発生した．6章で紹介するCSMA/CDは，コンテンション方式のコリジョン対処を含むケーブルデータリンクのデータ配送方式である．しかし，現在のケーブルデータリンクはメディア非共有型データリンクが主流であるためコリジョン対策は重要ではない．一方，無線ケーブルデータリンクではコリジョン対処が必要である．7章で紹介する無線データリンクの配送方式CSMA/CAはコンテンション方式のコリジョン対策を含むデータ配送方式である．

〈5章の課題〉

5.1 次の用語を説明しなさい．
- (1) フレーム
- (2) ステーション
- (3) MACアドレス
- (4) MAC副層
- (5) デジタル伝送方式
- (6) MTU
- (7) 全二重・半二重
- (8) FCS
- (9) メディア共有型データリンク
- (10) コリジョン

5.2 調査：
- (1) 使用しているPCやインターネット端末のMACアドレスを通信設定画面で調べなさい．物理アドレス，アダプタアドレス，Wi-Fiアドレスなどと書かれている場合がある．MACアドレスのフォーマットも手がかりにして調べなさい．
- (2) (1)で調べたMACアドレスの製造販売業者を調べなさい．
  IEEEのOUI検索サイト
  https://standards.ieee.org/products-services/regauth/
  ページ中央のSearch for assignmentを選択し，Please select a ProductをAll MAC(MA-L, MA-M, MA-S)に変更して検索する．さらに，FilterにOUI(16進表記)を入力して検索する．ただし，区切り記号 : の代わりに - を使用すること．

5.3 ネットワークコマンドを使ってみなさい．
- (1) テキスト端末を起動する
  UNIX: アプリケーション＞テキスト端末など
  Mac(Macintosh): アプリケーション＞ユーティリティ＞ターミナル
  WIN(Windows): コマンドプロンプト
- (2) コマンドifconfigでNICのネットワーク設定を表示する
  UNIX/Mac：/sbin/ifconfig -a
  WIN: ipconfig /ALL
  ・複数のブロックが表示されるのでen0, eth0等のブロックに着目する．
  ・etherと表示されている場合はEthernetの意味．MACアドレス，MTUがわかる．
  ・Windowsの場合，CygwinやMinGWをというソフトウェアを使用するとUNIXコマンドが実行できる．

5.4 研究課題：使用しているOSのネットワークコマンドを調べなさい．

6 ケーブルデータリンク

章の要約

本章ではケーブルを情報媒体とするデータリンクについて，代表的な通信規約である Ethernet および IEEE 802.2/3 Ethernet，ケーブルと符号化，スイッチングハブの動作について述べる．

6.1 ケーブルデータリンク

6.1.1 Ethernet と IEEE 802.2/3 Ethernet

図 6.1 にケーブルを通信媒体とするデータリンクの代表的な通信規格を示す．Ethernet は IEEE によって IEEE 802.2 および IEEE 802.3 として標準化された．Ethernet が OSI 1〜2 層の規格であるのに対し，IEEE 802.2 は LLC 副層の規格，IEEE 802.3 は MAC 副層および OSI 1 層の規格である．Ethernet および IEEE 802.2/3 Ethernet を本書ではケーブルイーサネットと呼ぶ．

OSI階層		副層	通信規格	
7	アプリ			
6	プレゼン			
5	セッション			
4	トランスポート	LLC		IEEE 802.2
3	ネットワーク	MAC	Ethernet	
2	データリンク			IEEE 802.3
1	物理	物理		

図 6.1　ケーブルデータリンクの通信規格

Ethernet

数字はサイズ(オクテット)

MAC ヘッダー			ペイロード	トレイラ
宛先 MAC アドレス	送信元 MAC アドレス	タイプ		FCS
6	6	2	46〜1500	4

IEEE 802.2 / 3 Ethernet

MAC ヘッダー			LLC ヘッダー		ペイロード	トレイラ
宛先 MAC アドレス	送信元 MAC アドレス	フレーム長	LLC	SNAP		FCS
6	6	2	3	5	38〜1492	4

図 6.2　ケーブルイーサネットのフレームフォーマット

6.1.2　フレームフォーマット

Ethernet と IEEE 802.2/3 Ethernet のフレームのフォーマットを図 6.2 に示す．Ethernet のフレームは副層がない単純な構造である．Ethernet のフレームヘッダーの最初のフィールドは，宛先となるステーションの MAC アドレスで，送信元ステーションの MAC アドレスが続く．タイプは上位層のプロトコルを示す番号である．たとえば，IP の場合は十六進表記で 0800 となる．

トレイラには 4 オクテットの FCS が入っている．FCS は 5.3.2 で説明したようにフレーム内のビットエラーを検査するためのビットである．ビットエラーの検査はフレームを読み込んだ後に行うため，FCS はフレームの後に付加されている．

IEEE 802.3 は IEEE 802.2 とセットで使用される．フレームの構造は，外側に MAC 副層の IEEE 802.3 ヘッダーとトレイラがあり，その内側に IEEE 802.2 ヘッダーが位置している．LLC ヘッダーは 5.1.3 で説明したように MAC 副層プロトコルの情報を上位層へ伝える役割をもっているため，Ethernet のタイプフィールドの内容は IEEE 802.3 ヘッダーから IEEE 802.2 ヘッダーの SNAP フィールド内へ移動している．

```
        ┌─────────────┐
        │ 100BASE-TX  │
        └──↑───↑───↑──┘
最大通信帯域  伝送タイプ  ケーブルタイプ
 100Mbps   ベースバンド伝送 ツイストペアケーブル
```

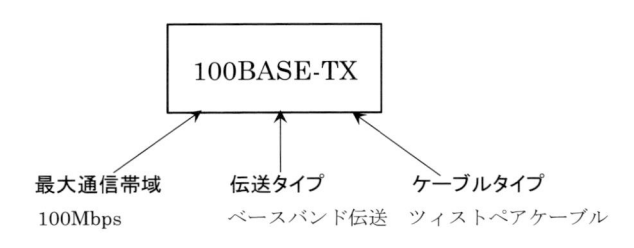

図 6.3　ケーブルイーサネットの名称

6.1.3　ケーブルイーサネットの種類

　ケーブルイーサネットには図 6.3 に示す形式の名前が付けられている．ここで，100 は最大通信帯域を Mbps の単位で表している．10 Gbps の場合は 10 G と記述する．次の BASE はベースバンド伝送であることを表し，TX の部分はケーブルの種類を表している．

　主なケーブルイーサネットを表 6.1 に示す．表内の距離は，1 本のケーブルで伝送できる通信距離を表している．ケーブルには銅線の芯線をもつメタルケーブルと，光ファイバーを用いる光ケーブルがあるが，WAN では，最大通信帯域が大きく，通信距離が長い光ケーブルが用いられている．ケーブルはさらにリピーターで延長され長距離をカバーするデータリンクが構成されている．

表 6.1　ケーブルイーサネットの種類

種 類	最大帯域(bps)	距離(m)	ケーブル種類	ケーブル名称
100BASE-TX	100M	100	ツイストペア	UTP カテゴリ 5/STP
100BASE-FX	100M	412	光ファイバー	MMF
1000BASE-T	1G	100	ツイストペア	UTP カテゴリ 5/5e
1000BASE-LX	1G	550/5000	光ファイバー	MMF/SMF
10G BASE-T	10G	100	ツイストペア	UTP/FTP カテゴリ 6a
10G BASE-SR	10G	26〜300	光ファイバー	MMF
10G BASE-ER	10G	40k	光ファイバー	SMF

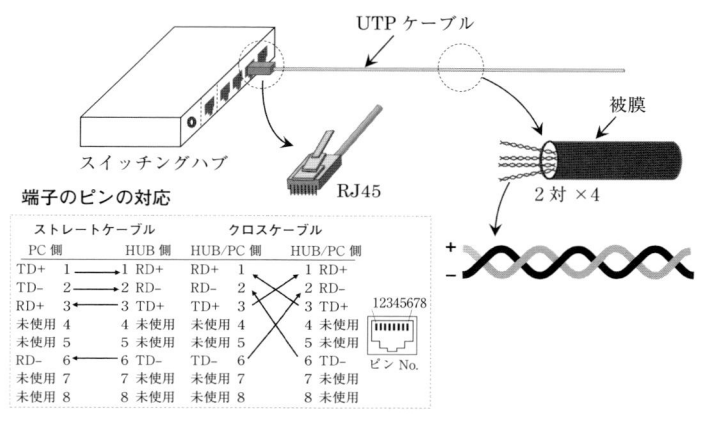

図6.4 UTPケーブルの構造

6.2　ケーブルと信号

6.2.1　ツイストペアケーブル

　メタルケーブルで広く使用されているのは，**UTP**(Unshielded Twisted Pair)ケーブルである．図6.4に示すように，UTPケーブルでは，皮膜で覆われた銅の芯線を2本ずつより合わせて1対とし，これを4対まとめてさらに皮膜で覆ったものである．このより合わせにより誘導電流が相殺されてノイズが軽減される．

　UTPケーブルの端子は**RJ45**という規格のコンセント形状に対応している．PCとスイッチングハブを接続するときに用いられるケーブルは**ストレートケーブル**と呼ばれ，一方のピンの送信側(TD)がもう一方の受信側(RD)に対応している．それに対して，ピンの対応が逆転したケーブルを**クロスケーブル**といい，PCどうしを直結する場合などに用いられる．

　UTPケーブルは撚り(より)を強くすることによって伝送できる最大周波数を上げ，通信帯域を大きくすることができる．**カテゴリ**は撚りのレベルを表し，数値が大きいほど最大通信帯域が大きい．

　さらに，ツイストペアケーブルには，UTPのほか周囲を絶縁体で囲むことによってシールド保護したSTP(Shielded Twist Pair)ケーブルがあり，外部への電磁波の放射や外部からのノイズの低減が必要な場合に用いられる．

(a) 光ケーブルの構造

材質：SiO₂　クラッド：屈折率が低い　コア：屈折率が高い

(b) 種類

SMF: シングルモード　　MMF: マルチモード

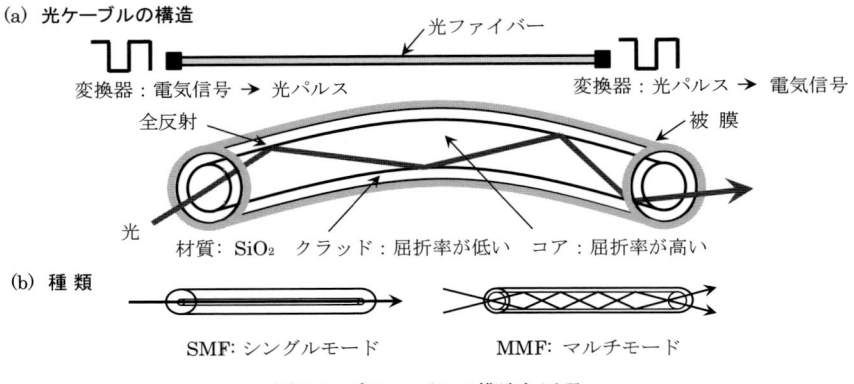

図 6.5　光ケーブルの構造と原理

6.2.2　光ケーブル

図 6.5 に示すように，**光ケーブル**は，光ファイバーの両端に電気信号と光パルスの変換器を取り付け，信号を伝送できるようにしたものである．光ファイバーは，2種類の屈折率をもつシリコン樹脂でできている．内側の**コア**は屈折率が高く**クラッド**は屈折率が低い．コアに照射した光がクラッドとの界面に到達すると，入射角によって全反射が生じる．これによって，光ファイバーは直進性の光をファイバー内で進行させることができる．

光ケーブルには**シングルモード**と**マルチモード**の2種類がある．マルチモードでは，光がコアを通るとき多数のパスに分散する．そのため，距離が長くなるにつれ光パルスがパス長の差によって拡散してしまう．シングルモードはコアの部分が小さく，光はほぼケーブルに沿って進行し拡散しないため長距離の伝送ができる．

光ケーブルは，メタルケーブルに比べ，高速なだけでなく軽量で柔軟性があることが大きな利点である．複数のステーションを接続するためには多数のケーブルを配線する必要があり，建物内の複雑な配管を通さなければならない．軽量で柔軟性がある光ケーブルは扱いやすく，ケーブルの設置や変更の作業の負荷が軽減される．また，外部の電磁場の影響を受けにくいためノイズが入りにくく機器が安価に製造できるというメリットがあり広く用いられている．

6.2 ケーブルと信号

送信データ: 0 1 0 1 0 0 0 0 0 1 1 1

単純な信号（電圧）: 0のときは高→低　1のときは低→高

マンチェスター符号化

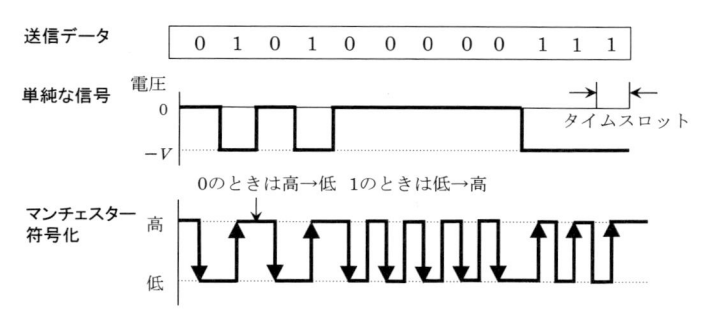

図 6.6 ベースバンド信号の符号化方式 (1)

6.2.3 ベースバンド伝送

ケーブルイーサネットはベースバンド伝送を行う．図 6.6 は送信データとベースバンド信号の対応を表している．横軸は時間で，タイムスロットと呼ばれる刻みの 1 つが 1 ビットを表す．縦軸は電圧で，バイナリデータは図 6.6 のように矩形波として表される．周囲の電磁場の変動によって電気信号が変化するとビットエラーとなるため，信号の符号化方式では信号が変化してもなるべくビットエラーが起こらないような工夫がされている．

図 6.6 の単純な信号では，0V 以上で 0，−5 V 以下で 1 としているが，外界の電磁場の影響で，送信中にグランドラインが大きくシフトすると多数のビットエラーが発生する．そのため，初期のイーサネットで用いられていた**マンチェスター符号化**では電圧の変化を 0 と 1 に対応づけている．100BASE-TX の符号化では，図 6.7 に示すように，まず 4B5B 変換でビットを付加し，さらに電圧の変化を **NRZI 符号化**で 0 と 1 に対応づけている．

送信データ: 0 1 0 1 0 0 0 0 0 1 1 1

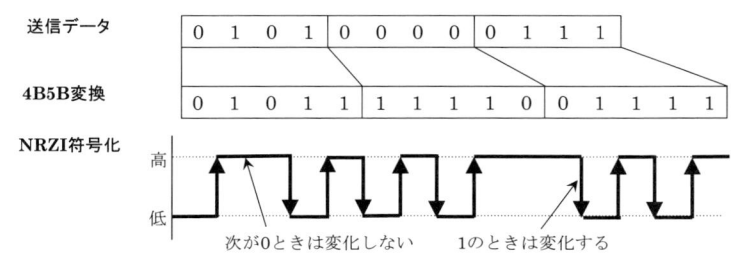

4B5B変換: 0 1 0 1 1 1 1 1 1 0 0 1 1 1 1

NRZI符号化: 次が0のときは変化しない　1のときは変化する

図 6.7 ベースバンド信号の符号化方式 (2)

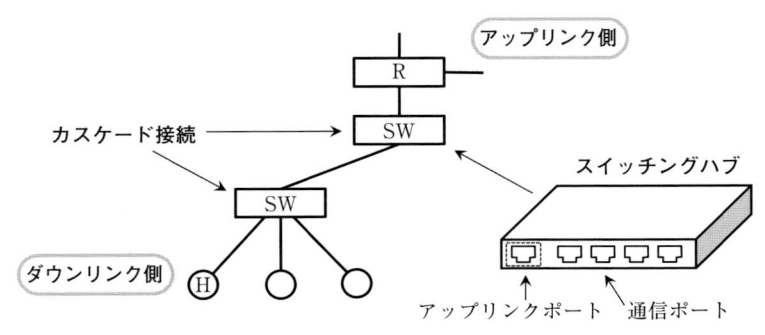

図6.8 スイッチングハブの接続

6.3 スイッチングハブ

6.3.1 スイッチングハブのフレーム転送

スイッチングハブ (SW) は，データリンクを連結し，ステーションから受信したフレームを他のステーションへ転送する装置である．SW の接続の様子を図6.8に示す．SW は複数の通信ポートをもち，それぞれに NIC が組み込まれている．通信ポートの1つは上流側へ接続するためのアップリンクポートであり，他の通信ポートは通常はホストが接続される．しかし，この通信ポートにさらに他の SW のアップリンクポートを接続して多段にすることができ，これを**カスケード接続**という．アップリンクポートでは通信ポートのピンの接点の配置を逆転してストレートケーブルで接続できるようにしている．

図6.9は SW がフレームを転送しているところである．SW 内の**フォワーディングテーブル**に，通信ポートと接続しているホストの MAC アドレスが記憶されている．これは受信したフレームの送信元 MAC アドレスを SW 自身が自動的に記憶するもので"学習する"という．SW は，フレームを受信するとフォワーディングテーブルを調べて，宛先 MAC アドレスに対応する通信ポートに送信する．また，不明なアドレスをもつフレームは上流側に送信される．

ホストに接続する通信ポートにはそのホスト宛のフレームしか流れないためメディア非共有型である．しかし，図6.10に示すようにポートグループを設定してメディア共有にすることができ，**コリジョンドメイン**という．また，ブロードキャストはスイッチングハブが接続するすべてのステーションに届く．ブロードキャストが届く範囲を**ブロードキャストドメイン**と呼ぶ．

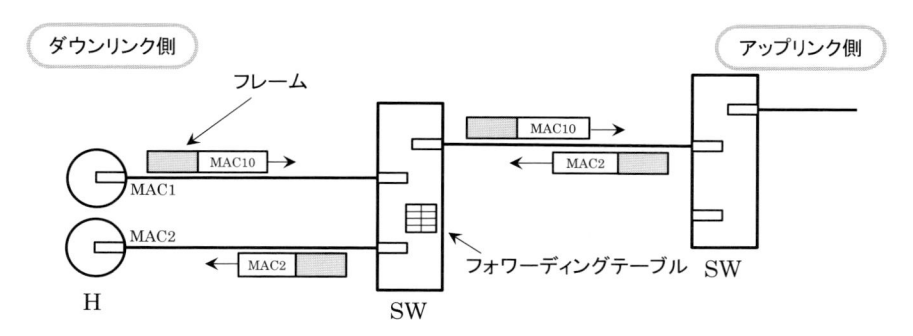

図 6.9　スイッチングハブのデータ転送

6.3.2　スイッチングハブの通信制御

　スイッチングハブはフレームを受信するとトレイラーのFCSを使ってビットエラーをチェックしてから宛先ステーションに送信する．この転送方式を**ストア＆フォワード方式**といい，誤り制御を伴うデータ転送である．これに対して，ビットエラーのチェックを省略して転送する方式は**カットスルー方式**と呼ばれている．ストア＆フォワード方式は，信頼性は高いが通信速度は低くなる．逆にカットスルー方式では信頼性は低いがフレームを高速に転送できる．
　フレームの送信に対して受信側のスイッチングハブのバッファーが不足し，受信しきれなくなることがある．このような場合，MAC制御プロトコルでは受信側がPAUSE（ポーズ）信号を送ってフレームの送信を一時中断させフレームの欠落を防ぐ．これがデータリンク層のフロー制御である．

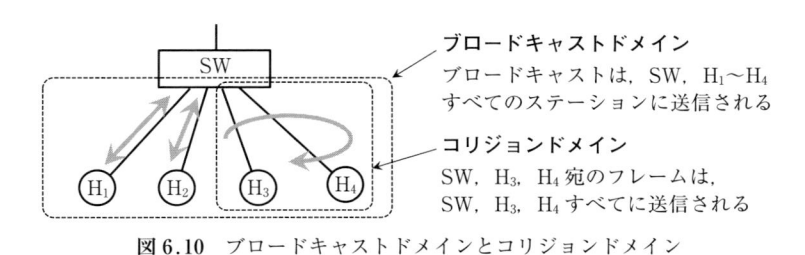

図 6.10　ブロードキャストドメインとコリジョンドメイン

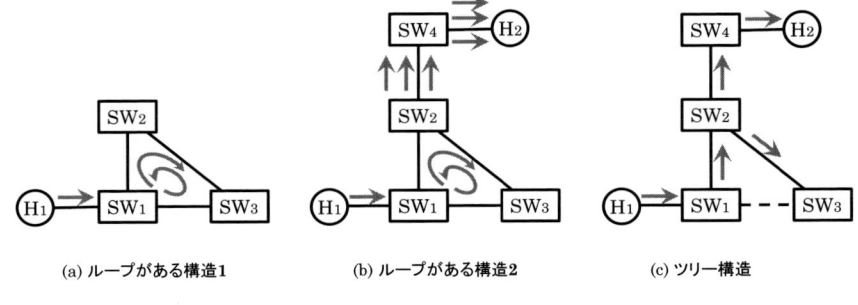

図 6.11 スパニングツリー
(a) ループがある構造1　(b) ループがある構造2　(c) ツリー構造

6.3.3　スパニングツリー

　カスケード接続した上流側のスイッチングハブのアップリンクポートを，下流側のスイッチングハブの通信ポートに接続するとネットワークを一巡するループ構造が発生する．スイッチングハブはフレームを単純に転送するため，接続にループ構造があるとフレームが周回するだけでなく，増殖してしまう．図 6.11 (a) で H_1 からブロードキャストすると，フレームは SW_1 でコピーされて SW_2 と SW_3 に転送される．SW_2 に転送されたフレームは，SW_3，SW_1 と時計回りに周回する一方，SW_3 に転送されたフレームは SW_2，SW_1 と逆回りに周回し，2つのフレームは無限に周回し始める．図 6.11 (b) のように，さらに SW_2 に SW_4 が接続されていると，フレームが SW_2 を通るごとにフレームはコピーされて SW_4 にも送信される．その結果，H_2 に大量のフレームが送信され続けネットワーク全体が通信不能に陥ってしまう．

　そこで，SW_1 と SW_3 の間ではフレームを送信しないようにする．そうすると図 6.11 (c) のようなツリー構造になり，フレームの周回と増殖は起こらない．このようにネットワークの通信路にループがないかどうかを検査し，ループを発見した場合その1つのデータリンクではフレームが流れないようにすることを **スパニングツリー** （枝刈りの意）といい，スパニングツリープロトコルで規定されている．ただし，接続自体は保存しておき障害時のバックアップとして用いる．ルーターではルーティングを行うため，このような問題は起こらない．

図 6.12　VLAN

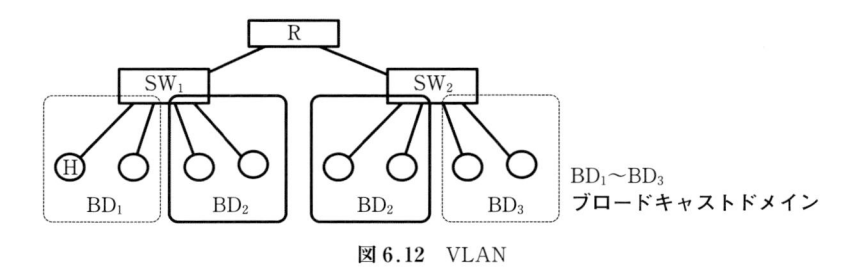

6.3.4　VLAN

図 6.10 に示したように，1 つのスイッチングのブロードキャストドメインは本来 1 つであるが VLAN（Virtual LAN，ブイラン）という技術により，スイッチングハブの通信ポートごとに異なるブロードキャストドメインを設定することができる．これは**ポート VLAN** と呼ばれる．さらに，他のスイッチングハブのもつブロードキャストドメインと同じブロードキャストドメインを設定することもできる．図 6.12 の SW_1 には 2 つの異なるブロードキャストドメイン BD_1, BD_2 が設定されている．また，SW_1 と SW_2 の BD_2 は同じドメインで，ブロードキャストは両方の BD_2 に属すステーションすべてに届く．このような VLAN は**タグ VLAN** という技術で実現されている．

9.2 で述べるようにホスト間通信ではサブネットにブロードキャストを投げて情報収集する必要がある．サブネットの領域はネットワークの一部分で本来は 1 箇所にまとまっている．スイッチングハブが構成するブロードキャストドメインはそのサブネットに対応しており，VLAN を使用すると離れた場所にあるホストを同じサブネットのホストとみなしてホスト間通信を行うことができる．VLAN の LAN はルーターで接続したサブネットを指しており，VLAN は仮想的なサブネットを構成する技術であるといえる．サブネットについては 8，9 章で述べる．

〈**6章の課題**〉

6.1 次の用語を説明しなさい．
 (1) Ethernet
 (2) IEEE 802.2/3 Ethernet
 (3) UTPケーブル
 (4) ベースバンド伝送
 (5) スイッチングハブ
 (6) コリジョンドメイン
 (7) スパニングツリー
 (8) VLAN

6.2 EthernetおよびIEEE 802.2/3 EthernetのMACヘッダーの主な内容は何か．また，それぞれのフレームヘッダーおよびトレイラーのサイズはいくらか．

6.3 p.66を参考にして10G BASE-SRの最大通信帯域，伝送タイプ，ケーブルタイプを述べなさい．

6.4 スイッチングハブのフレーム転送方式についてまとめなさい．

6.5 検索：
 (1) 各種ネットワークケーブルとスイッチングハブの画像をネットで検索して確認しなさい．
 (2) Submarin Cable Mapを検索し，日本から海底ネットワークケーブルがどこに延びているか観察しなさい．

6.6 調査：PPPとATMもデータリンク通信規格である．これらの通信の用途と特徴を調べなさい．

6.7 サイト訪問：IEEE 802委員会のWebサイトを訪問し，活動内容を調べなさい．

6.8 研究課題：IEEE 802委員会のWebサイトで，Get 802 StandardでIEEE 802.3のドキュメントを入手しなさい．WWWで日本語訳を検索入手し，参考にしてIEEE 802.3の内容を確認しなさい．

CSMA/CD 用語解説

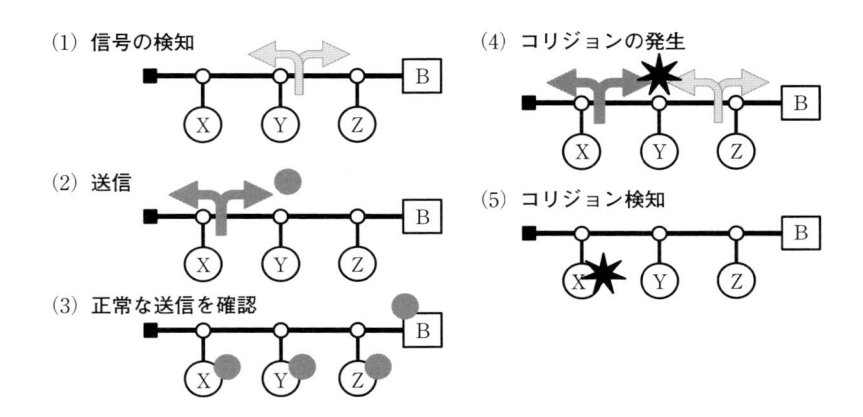

(1) 信号の検知
(2) 送信
(3) 正常な送信を確認
(4) コリジョンの発生
(5) コリジョン検知

　初期のイーサネットはメディア共有型ケーブルデータリンクで半二重通信方式を用いていた．**CSMA/CD**（Carrier Sense Multiple Access/Collision Detection）は，このようなデータリンクでフレームを配送するための配送方式で，コンテンション方式のコリジョン制御を含んでいる．

　上図にバス型トポロジーのメディア共有型データリンクでのCSMA/CDの手順が示されている．(1)ではステーションXがケーブルに流れる信号を検知している．(2)でXは他が通信していないことを確認して送信する．(3)ではX自身が送信した信号を受信し，送信データが壊れていなければ宛先にもデータが正しく届いたと見なす．(4)のように，偶然，XとZが同時に送信するとコリジョンが発生し送信信号は壊れる．その場合，(5)のように自分の送信データを受信すると壊れている．そこで，送信データは宛先ステーションにも届いていないと判断し，Xは(1)の手順に戻ってデータを再送する．再送するまでの間隔はコリジョンが起こりにくいように制御されている．

　この方式は単純なため，性能の低いステーションでも比較的高い通信性能を出すことができ，頑健で機器の不具合も出にくい．しかし，情報媒体を共有しなければコリジョン自体が起こらないため，現在のケーブルデータリンクはメディア非共有型のネットワークが主流で，CSMA/CDは用いられていない．

7 無線データリンク

章の要約

本章では，無線通信の概要と，無線 LAN の通信規格である IEEE 802.11b/g/a/n について，フレームの構造，無線信号の伝送およびフレームの配送の仕組みを述べる．

7.1 無 線 通 信

私たちが携帯して使用している通信機器はさまざまな無線通信を利用している．インターネット通信の無線データリンクで用いられる通信方式もその1つである．図7.1は身近な無線通信の概要を図示したもので，表7.1は主な無線通信の特徴をまとめたものである．この中で，最も通信距離の小さい無線通信は，**WPAN**（Wireless Personal Area Network）で通信距離は3 m～10 m 程度である．WPAN の通信規格としては Bluetooth がよく知られており，ハンズフリーデバイスの通信などに用いられている．

2番目は，**WLAN**（Wireless Local Area Network，**無線 LAN**）で通信距離は100 m 程度である．自宅やオフィスなどに設置したアクセスルーターとスマートフォンやノート PC を接続する．駅や喫茶店などの人の集まる場所に公衆無線 LAN のアクセスルーターが設置され，Wi-Fi スポットと呼ばれている．使用権がある Wi-Fi スポットを利用すれば外出先でも無線 LAN が利用できる．

7.1 無線通信

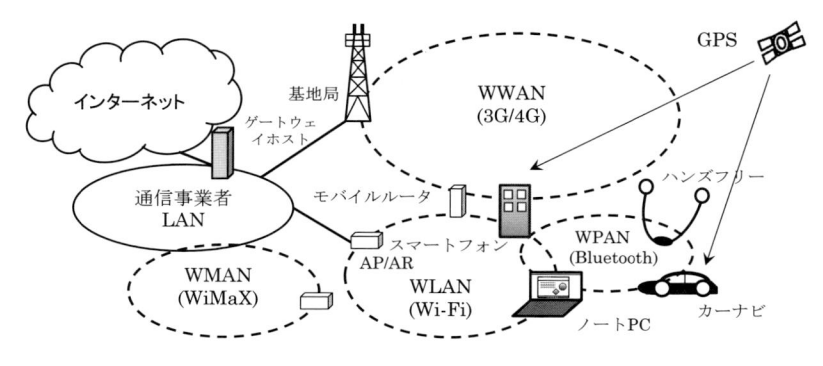

図7.1 いろいろな無線通信

3番目は，**WMAN**（Wireless Metropolitan Area Network）で，通信距離は数十 km，WiMAX という規格がある．家庭やオフィスで，ケーブルが近くにきていないためにネットワークの導入が難しい，という**ラストワンマイル問題**を解決する手段として用いられている．

また，スマートフォンのアクセスネットワークに用いられる**WWAN**（Wireless Wide Area Network）をあげる．携帯電話のアクセスネットワークは**ITU-T**（国際電気通信連合）の電気通信標準化部門が策定しており，3G（第三世代移動通信システム）や，4G（第四世代移動通信システム）が用いられている．

表7.1 無線通信の種類

種類	WPAN	WLAN	WMAN	WWAN
名称	Bluetooth	Wi-Fi	WiMax	4G
規格策定	IEEE 802	IEEE 802	IEEE 802	ITU-R
規格名	IEEE 802.15.1	IEEE 802.11 b/g/a/n/ac	IEEE 802.16	IMT-advanced
最大通信帯域	1 Mbps	11～数百 Mbps	70 Mbps	50 Mbps～1 Gbps
通信距離のめやす	～10 m	～100 m	～100 km	―
用途，場所	ハンズフリーカーナビ	家庭，オフィス，ホテル，駅	屋外，都市	屋外

その他の身近な無線通信としては，米国から提供されているGPS（Global Positioning System, 全地球測位システム）や，非接触型ICカードがあげられる．

スマートフォンやノートPCから無線通信を利用してインターネットを使用するには2つの方法がある．1つは自宅やオフィスでWi-Fiに接続する方法でアクセスルーターからは光ケーブルなどのケーブル接続のネットワークに接続する．もう1つはWWANやWMANで基地局に接続し，コアネットワークを経由してインターネットへ出る方法である．一般に無線通信の最大通信帯域はケーブルよりも小さいが，無線通信の高速化が進んでいる．

なお，無線通信は周辺ネットワークで使用されるだけでなく，基幹ネットワークでも用いられる．1つのキャンパスネットワーク内の2つのビルのネットワークを接続する場合，無線で接続すればケーブルを敷設する工事が不要になる．その他，無線通信は，センサーネットワークや家庭と電力会社を結ぶネットワークなどでも利用されている．

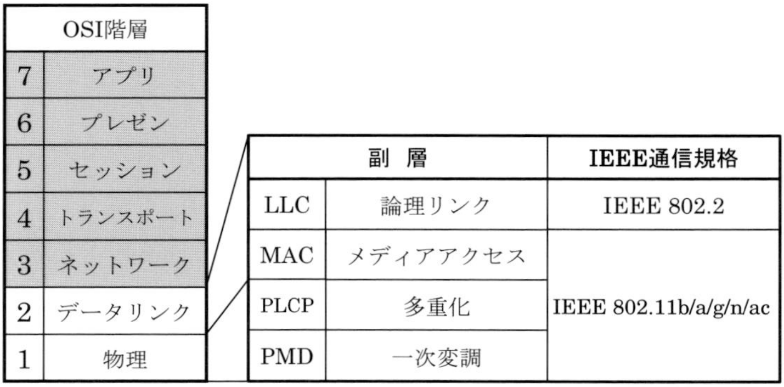

OSI階層		副層		IEEE通信規格
7	アプリ			
6	プレゼン			
5	セッション	LLC	論理リンク	IEEE 802.2
4	トランスポート	MAC	メディアアクセス	
3	ネットワーク	PLCP	多重化	IEEE 802.11b/a/g/n/ac
2	データリンク	PMD	一次変調	
1	物理			

図7.2 OSI参照モデルと無線LANの通信規格

7.2　無線 LAN：IEEE 802.11b/g/a/n/ac

無線 LAN の通信規格は **IEEE 802.11WG** が策定しており，IEEE 802.11b/g/a/n/ac が主に用いられている．**Wi-Fi**（Wireless Fidelity，ワイファイ）は高品質な無線 LAN という意味合いで，その通信機器が，業界団体である **Wi-Fi Alliance** によって，IEEE 802.11WG の通信規格に準拠していることを認定されたことを表している．IEEE 802.11b/g/a/n/ac の末尾の a や b は枝番号で，これ以外にも多くあり，それぞれ規格の内容が異なる．本書では省略するが，最初に公開された規格は IEEE 802.11 というもので最大通信速度は 2 Mbps であった．

図 7.2 で OSI 参照モデルでの位置付けを確認しておこう．LLC 副層の IEEE 802.2 はケーブルデータリンクと共通である．IEEE 802.11b/g/a/n/ac は，MAC 副層と物理層に対応する通信規格である．物理層は 2 つの副層に分けられる．PMD 副層では搬送波の規定やバイナリデータを搬送波で表現する一次変調方式などを規定し，PLCP 副層は送信信号の多重化などの方法を規定している．

なお，電波範囲であれば無線信号は誰でも受信することができるため，データが第三者に傍受されないように暗号化し，書き換えられていないことを確認

(a) データフレーム　　※ IEEE 802.2 ヘッダーがペイロード内に含まれている．

MACヘッダー	ペイロード	FCS
30	0〜7951	4

フレーム制御	送信期間など	MACアドレス1	MACアドレス2	MACアドレス3	シーケンス制御	MACアドレス4	QoS制御	HT制御
2	2	6	6	6	2	6	2	4

(b) 制御フレームの例（ACK）

フレーム制御	送信期間	宛先MACアドレス	FCS
2	2	6	4

図 7.3　IEEE802.11b/g/a/n/ac のフレームフォーマット

するための認証が必要になる．IEEE 802.11b/g/a/n/ac にはこのようなセキュリティの規格も含まれる．

　図 7.3 (a) に IEEE 802.11b/g/a/n/ac のデータフレームのフォーマットを示す．MAC ヘッダーは，IEEE 802.3 と比較するとかなり複雑で，MAC アドレスを保持するフィールドが 4 つあり，ホストか基地局かでアドレスを保持するフィールドが異なる．また，フレームの有効期限が送信期間として指定されており，それを過ぎるとフレームは無効となる．FCS は，IEEE 802.3 と同様フレームのビットエラーのチェックに用いられるビットである．

　無線データリンク通信では，データフレーム以外にさまざまな制御フレームが通信をコントロールしている．図 7.3 (b) はその 1 つで ACK（アック）というフレームである．ACK は ACKnowledgement の先頭 3 文字をとったもので確認のためのフレームである．

　IEEE 802.11b/g/a/n/ac の比較を表 7.2 に示す．データリンク層 MAC 副層に対応するフレームの配送方式は 7.4 で述べる CSMA/CA である．物理層で用いられる多重化方式は 7.3.3 で述べる．1 次変調方式では，7.3.2 で述べる PSK や QAM が用いられている．搬送波の周波数帯域の特徴については 7.3.1 で述べる．最大通信帯域は，搬送波の周波数だけでなく 1 次変調や多重化方式によって異なり，最大通信帯域は，最初のバージョンである IEEE 802.11 が最も小さく，b＜g，a＜n＜ac と飛躍的に大きくなっている．

表 7.2　IEEE 802.11b/g/a/n/ac の比較

＊最高仕様

IEEE 規格名	802.11b	802.11g	802.11a	802.11n	802.11ac
フレーム配送	CSMA/CA				
一次変調	4 値 PSK	64QAM			256QAM
多重化方式	DSSS/CCK	OFDM		OFDM	
				MIMO4 × 4	MIMO8 × 8
最大通信帯域	11 Mbps	54 Mbps	54 Mbps	600 Mbps	6.9 Gbps
搬送波の周波数帯	2.4 GHz	2.4 GHz	5 GHz	2.4/5 GHz	5 GHz

7.3 無線信号の伝送

表 7.3 搬送波の周波数帯割当

電波の名称	周波数帯 (Hz)	用途	
超長波 (VLF)	3k-30 k	海底探査	・回折性
長波 (LF)	30k-300 k	船舶・航空機用無線ビーコン電波時計	・伝送容量小
中波 (MF)	300k-3 M	AM ラジオ，船舶通信，アマチュア無線 (MF～UHF)	↑
短波 (HF)	3M-30 M	短波放送，船舶・航空機通信	
超短波 (VHF)	30M-300 M	FM ラジオ，航空管制無線，消防，防災行政無線，列車，警察，コードレス電話 (VHF～UHF)	
極超短波 (UHF)	300M-3 G	地デジ TV，タクシー，電子レンジ，電子タグ，ISM 帯，無線 LAN，GPS，携帯電話，PHS，空港監視レーダー	
マイクロ波 (SHF)	3G-30 G	衛星放送，ISM 帯，無線 LAN，加入者系無線アクセス，中継，衛星通信，気象レーダー，船舶用レーダー，天文観測	
ミリ波 (EHF)	30G-300 G	短距離無線アクセス，画像伝送，自動車衝突防止レーダー，衛星通信，天文観測	↓ ・直進性
サブミリ波	300 G-	天文観測など	・伝送容量大

ISM 帯：Industry-Science-Medical band 工業科学医療用の免許不要な周波数帯

7.3 無線信号の伝送

7.3.1 搬 送 波

無線データリンクでは，**搬送波**(Carrier Wave，**キャリア波**)と呼ばれる高周波数の電波で音声や情報を伝送する．受信機と送信機で予め搬送波の周波数を決めておけば，受信機は受信した電波の中からその周波数を抽出することにより送信機からの信号だけを受信することができる．複数の通信が同じ周波数の搬送波で同時に通信しようとすると**電波干渉**が発生して信号が壊れ正しく受信できない．これを防ぐため，日本では**電波法**の規定に従い，総務省が通信の種別に対して使用できる周波数の範囲を定め，さらに個々の通信規格に対し周波数帯域を細分化して割り当てている．表 7.3 の周波数割当の概要に示すように，無線 LAN には **UHF** 帯および **SHF** 帯が割り当てられている．

一般に，搬送波の周波数が大きくなると伝送できる情報量は増えるが，光の性質が強くなり電波が届きにくいという性質がある．UHF は回折性があり，多少の山や建物の陰にも回り込むことができるため多くの通信で用いられている．SHF は大きな伝送容量が必要な通信に使われる．

無線通信を行うには本来は免許が必要であるが，携帯電話やインターネットを使用するのに免許を取得するのは不便である．携帯電話や無線 LAN では，電波法の**小電力局の規定**によって，免許なしに無線 LAN を使うことができる．

(a) PSKの例

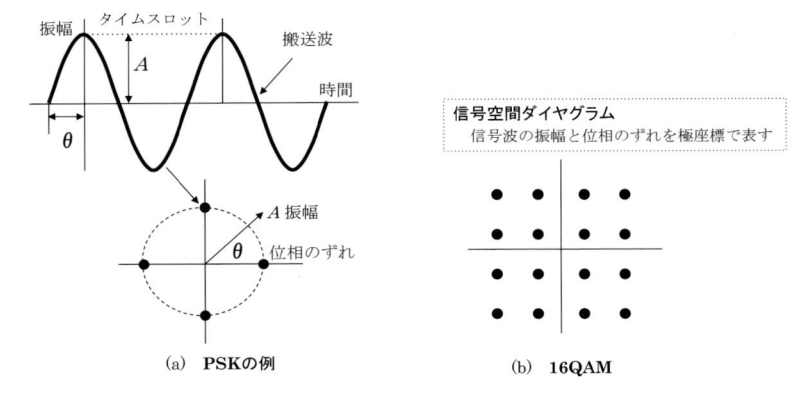

(b) 16QAM

図7.4　一次変調

7.3.2　一次変調

搬送波で2値データを表現することを一次変調と呼ぶ．一次変調の基本的な方法にはASK，FSK，PSKの3種類がある．ASK（Amplitude Shift Keying）は振幅の違いを0と1に対応づけるもので，FSK（Frequency Shift Keying）は周波数の違い，PSK（Phase Shift Keying）は位相のずれを対応づけている．図7.4(a)は4値のPSKを示している．1つのタイムスロットは電波の1周期に対応している．基本の波に対して，$\pi/2$ずつ位相をずらしていくと4つの波が出現する．この波を2値データに対応させると1周期で2ビット分の2値データを表すことができる．位相のずれを$\pi/2^{n-1}$とすれば1周期でnビットを表すことができる．

図7.4(a)の下の図は4値のPSKを**信号空間図**に示したものである．信号空間図は電気信号の振幅と位相のずれを極座標で表したもので，原点からの距離が振幅，x軸の正方向からの偏角が位相のずれに対応している．信号空間図の点の数は1周期で表すことができる値の数である．

PSKとASKを組み合わせた一次変調方式を**QAM**（Quadrature Amplitude Modulation）と呼ぶ．図7.4(b)は16QAMの信号空間図である．最初の数字は1周期で表すことができる値の数を示している．これを2^nとすると2^nQAMは1周期でnビットを表すことができる．

7.3 無線信号の伝送

```
送信側  データ → [S/P変換] → [IDFT] → [P/S変換] → [D/A変換] →
受信側  データ ← [P/S変換] ← [DFT] ← [S/P変換] ← [A/D変換] ←
```

S/P 変換：シリアルからパラレルへの変換
P/S 変換：パラレルからシリアルへの変換
IDFT：逆離散フーリエ変換
DFT：離散フーリエ変換

○サブキャリアの直交

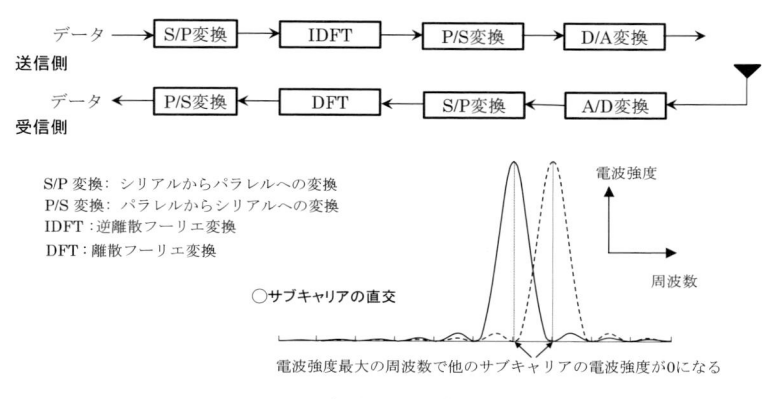

電波強度最大の周波数で他のサブキャリアの電波強度が0になる

図 7.5 多重化の例（OFDM）

7.3.3 多 重 化

複数の通信が同一周波数帯域を共用することを通信の多重化という．多重化することにより単位時間当たりの通信量を増加することができるため，通信の高速化を図ることができる．多重化方式としては次のようなものがある．FDM（周波数分割多重），TDM（時分割多重），CDM（符号分割多重），OFDM（直交周波数分割多重）である．

CDM（Coding Division Multiplexing）には DSSS（直接スペクトラム拡散）方式と FHSS（周波数ホッピングスペクトラム拡散）方式があり，DSSS は 3G 第三世代携帯電話通信で，FHSS は Bluetooth で用いられている．

OFDM（Orthogonal Frequency Division Multiplexing, **直交周波数分割多重**）を図 7.5 に示す．FDM は与えられた搬送波の周波数帯を細分化してサブキャリアとし，各通信に割り当てる多重化方式である．このときサブキャリアどうしの干渉を避けるために細分化された周波数帯の間にガードバンドと呼ばれる空隙をおく必要がある．しかし，OFDM は，サブキャリアの中心周波数が直交しているためガードバンドが不要で高速化することができる．処理の流れとしては，送信側で逆離散フーリエ変換を行ってサブキャリアに分解し，受信側では離散フーリエ変換を行って信号を復元する．なお，多重化以外の無線通信の高速化技術としては，MIMO（Multiple-Input and Multiple-Output）がある．MIMO は複数のアンテナでデータを送受信することによって高速化する技術である．

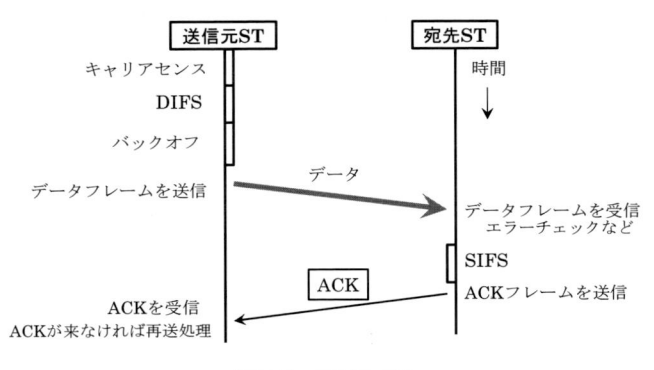

図7.6 CSMA/CA

7.4 フレームの配送

7.4.1 CSMA/CA

CSMA/CA(Carrier Sense Multiple Access/Collision Avoidance)は，CSMA/CD と同様にコンテンション方式の通信方式である．送信元ステーションが送ったフレームを宛先ステーションが受け取ると ACK と呼ばれる制御フレームを返送する．送信元ステーションは ACK を受信して送信が成功したことを確認する．この様子を図7.6 に示す．手順は次のとおりである．

1. 検知(キャリアセンス)： 各ステーションは信号波を検知している．
2. 送信： 送信元ステーションは，他のステーションからの信号が来ていないことを確認すると，DIFS およびバックオフと呼ばれる時間，待機して，データを送信する．DIFS は一定であるが，バックオフはランダムな時間である．
3. 受信： 宛先ステーションはデータを受信すると SIFS 待った後 ACK フレームを送信元に送信する．
4. 確認： 受信元ステーションは宛先ステーションからの ACK フレームを受信して，送信が成功したことを確認する．
5. 再送： 定時間待っても ACK フレームが到着しない場合，送信元ステーションは1に戻って再び送信する．

ACK フレームが返ってこない場合，他のステーションが偶然同じ時刻に通信しようとしてコリジョンが発生した可能性がある．再送するときの待機時間のバックオフをランダムにとるのは，それぞれのステーションが再び同時刻に送信してコリジョンが発生しないようにするためである．

7.4 フレームの配送　　　　　　　　　　　　　　　　　　85

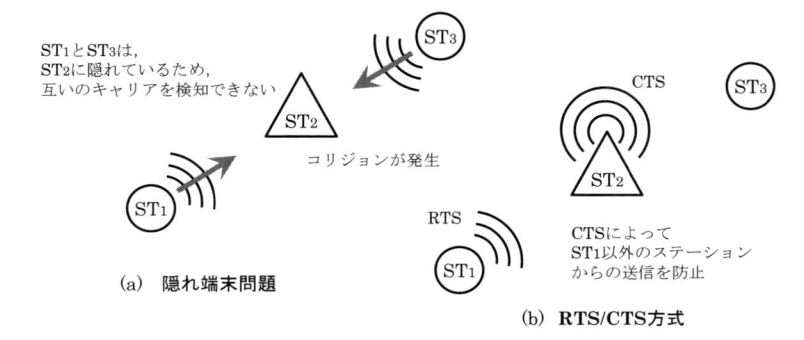

図 7.7　隠れ端末問題と RTS/CTS 方式

7.4.2　隠れ端末問題とさらし端末問題

　図 7.7 の (a) では，ST_1 が ST_2 にフレームを送信している．そのとき，ST_2 を挟んで反対側にある ST_3 が ST_2 に送信しようとしたとする．ST_3 がキャリアセンスで送信信号を検知すれば送信を延期するのだが，ST_1 の電波が ST_3 に届かない場合 ST_3 は送信信号を検知できない．そのため ST_3 は送信を始め，コリジョンが発生する可能性がある．この問題は**隠れ端末問題**と呼ばれている．隠れ端末問題を解決するため CSMA/CA を改良した **RTS/CTS** という通信方式が用いられている．図 7.7(b) には，RTS/CTS 方式による通信の様子が示されている．ST_1 は送信する前に RTS (Request To Send) フレームを ST_2 に送信する．ST_2 はこれを受けて CTS (Clear To Send) をブロードキャストし，他のステーションの送信を待機させる．これによって，ST_1 が ST_2 に送信中，ST_3 や他のステーションが ST_2 に送信しないようになる．

　しかし，図 7.8 に示すように CTS 信号によって ST_3 が待機状態になるため，ST_3 は ST_4 への通信もできなくなる．つまり，ST_1 と ST_2 の通信に無関係な ST_3 と ST_4 の通信が CTS によって阻害されてしまう．この問題は**さらし端末問題**と呼ばれる．さらし端末問題の回避についてもさまざまな手法がある．

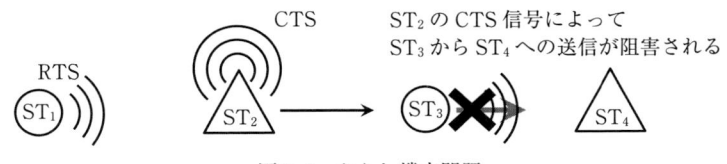

図 7.8　さらし端末問題

⟨7章の課題⟩

7.1 次の用語を説明しなさい．
　(1)　無線 LAN
　(2)　IEEE802.11b/g/a/n/ac
　(3)　Wi-Fi
　(4)　搬送波
　(5)　PSK
　(6)　OFDM
　(7)　CSMA/CA
　(8)　隠れ端末問題

7.2 64QAM では，1 波長で何ビット表すことができるか．また，信号空間ダイヤグラムを描きなさい．

7.3 CSMA/CA 通信方式はどのようにしてコリジョンに対策しているか説明しなさい．

7.4 サイト訪問：
　(1)　Wi-Fi Alliance の Web サイトを訪問して認定ロゴを確認し，身の回りの無線 LAN 機器にこのロゴがあるかどうか調べなさい．
　(2)　総務省の電波利用の Web ページで公開されている周波数を調べ，Wi-Fi の搬送波としてどのような周波数帯が割り当てられているか調べなさい．

7.5 調査：
　(1)　使用しているスマートフォンで WPAN を使うアプリを調べなさい．それを利用して身の回りの WPAN 機器の電波が届く範囲を調べなさい．
　(2)　SSID の意味を調べ，使用している無線 LAN (Wi-Fi) ルーターの SSID を調べなさい．
　(3)　使用しているスマートフォンなどの広域無線通信の規格と最大通信帯域を調べなさい．

アドホックネットワーク　用語解説

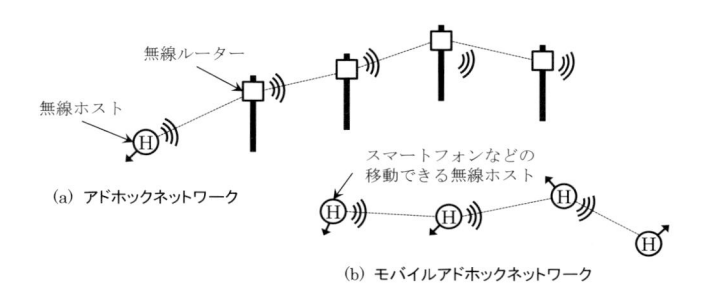

(a) アドホックネットワーク

(b) モバイルアドホックネットワーク

　無線データリンクは，現在ホストから基地局やAP，アクセスルーターに到達するまでの部分で主に使用されており，基地局から先のコアネットワークはケーブルデータリンクである．このような無線ネットワークの利用は**インフラストラクチャモード**と呼ばれている．しかし，上図(a)のように無線ルーターを配置して無線ホストを結ぶネットワークを構成することもできる．このような無線の使い方は**アドホックモード**と呼ばれ，このネットワークは**アドホックネットワーク**（ad-hoc network）と呼ばれている．

　"ad hoc"とは"その場かぎりの，臨時の"といった意味のラテン語である．ケーブルのネットワークを設置する場合は，ルーターだけでなくケーブルの配置や敷設工事が必要で簡単に場所を移動することはできないのに対し，無線のネットワークでは無線ルーターを設置するだけでよいため設置や移動が容易である．アドホックネットワークという用語には，固定的でなくいつでも設置や移動できるネットワークといった意味が込められている．アドホックネットワークは，家庭の電気使用状況を電力会社と送受信するためのネットワークや，センサーの計測値を送るネットワークで使用されている．

　さらに，ホストはデータ転送機能をもっているため，図(b)のように携帯して使う無線ホストだけでアドホックネットワークを構成することができる．これは移動できるアドホックネットワークという意味で**MANET**（Mobile Ad-hoc NETwork，マネット）と呼ばれており，災害時やさまざまな場面での活用が期待されている．

8 ホスト間通信とIPアドレス

章の要約

第Ⅲ部ではホスト間通信について解説する．本章では，ホスト間通信の全体像とIPアドレスの構造，種類，サブネットへの割当てについて述べる．

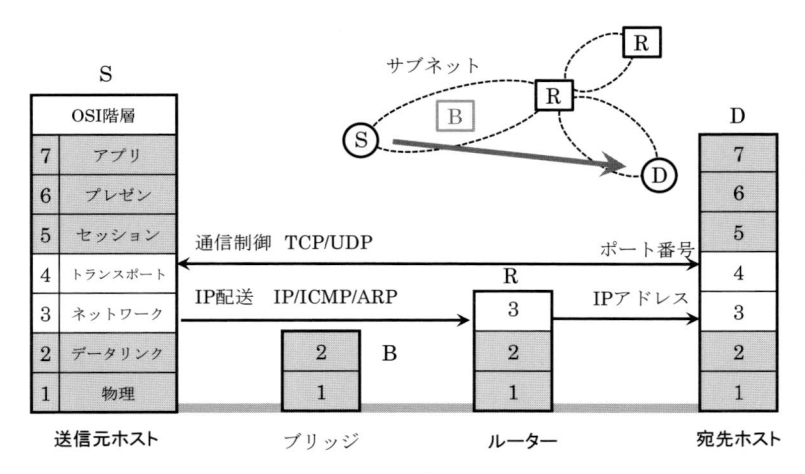

8.1 ホスト間通信の概要

図8.1に示すように，ホスト間通信に主として対応するOSI階層は，第3層と第4層である．第3層では，ホストからホストへのデータの配送が規定されており，第4層では，ホスト間通信の通信制御が規定されている．

図8.1 ホスト間通信の概要

IP（RFC 791）

8.1 ホスト間通信の概要

ノード
- ホスト(S, D, H)
- ルーター(R)
- アクセスルーター(AR)
- ゲートウェイホスト(G)

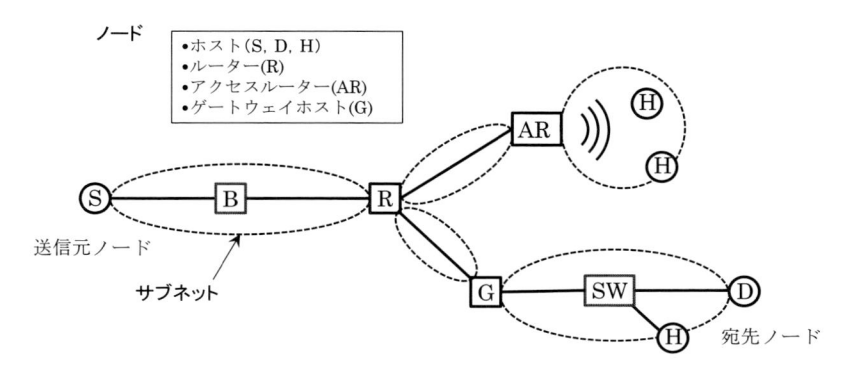

図 8.2　ノードとサブネット

IP (Internet Protocol) は，ホスト間通信の主要プロトコルで，データを運ぶパケットの構造，宛先ホストのアドレス，配送方式を規定している．IP には二つのバージョンがあり，**IPv4** (IP version 4) はアドレス数の不足のため **IPv6** (IP version 6) への移行が始まっている．しかし，現在は IPv4 が広く用いられているため，本書では IPv4 について述べる．

図 8.2 に示すように，ホスト間通信のネットワークの構成要素は**ノード**と呼ばれている．ノードはルーティングをする機器で，ホストやルーターの他，ゲートウェイホストや L4 スイッチなども含まれるが，ブリッジやスイッチングハブは含まれない．ノードを結ぶ小さなネットワークは**サブネット**と呼ばれ，1 つまたはいくつかのデータリンクで構成されている．

ホスト間通信の通信パケットは IP パケットと呼ばれ，送信元ノードから宛先ノードまでサブネットを通って配送される．サブネットの中では，IP パケットはデータリンク通信の連携で配送される．実際には，まず送信元ノード (S) が IP パケットからフレームを生成してブリッジに送信する．ブリッジ (B) はフレームを受信してルーター (R) に転送する．ルーターは受信したフレームから IP パケットを取り出す，という流れで通信処理が進行する．しかし，ホスト間通信では，これを S が IP パケットを送信し，R がそれを受信するととらえる．インターネットの中では，ノードが複雑に接続し合いループ構造もできている．その中を通信経路を定めて宛先ホストまでデータを届ける技術がホスト間通信である．

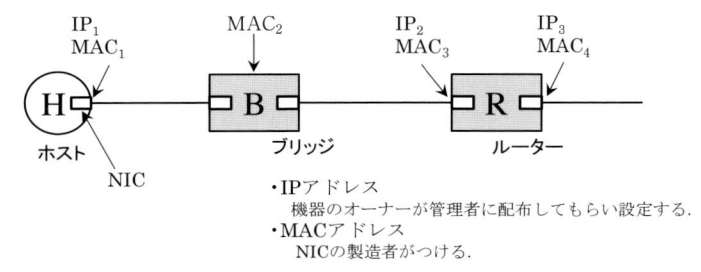

図8.3 IPアドレスの設定ポイント

- IPアドレス
  機器のオーナーが管理者に配布してもらい設定する．
- MACアドレス
  NICの製造者がつける．

注）現在のブリッジやスイッチングハブではMACアドレスは機器に1つ設定され，NICごとには設定されていない．

8.2 IPアドレスの基礎

8.2.1 IPアドレスの役割

IPアドレス（IP address）は，ホスト間通信の宛先や送信元ホストを指す識別番号である．しかし，IPアドレスはホストを識別するだけでなく，経路制御やホスト間通信の制御情報の交換のために用いられる．そのため，IPアドレスはそのような制御をすることができるように設計されている．また，図8.3に示すようにIPアドレスはノードのNICに設定されている．NICを1つしかもたないホストの場合はIPアドレスも1つであるが，複数のNICをもつルーターやゲートウェイホストの場合は，それぞれのNICに異なるIPアドレスが設定されている．

インターネットで通信するには，インターネット全体でIPアドレスが重複しないようにする必要がある．そのため，IPアドレスはインターネットパラメーターの管理組織がネットワークや機器の管理者に配布している．管理者は機器のユーザーに配布し，ユーザーはIPアドレスを機器に設定して使用する．

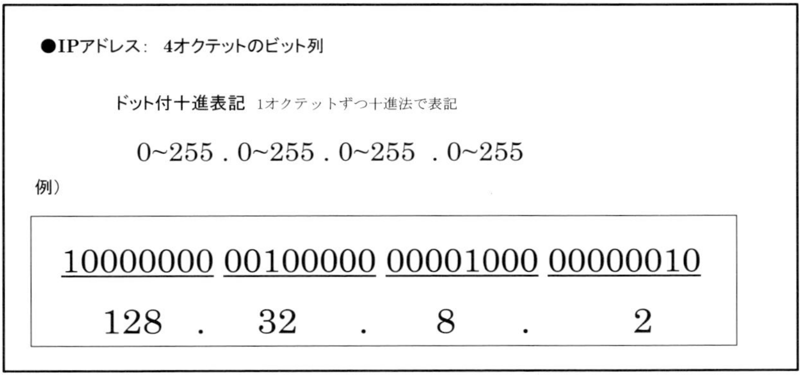

8.2 IPアドレスの基礎

```
●IPアドレス： 4オクテットのビット列

       ドット付十進表記 1オクテットずつ十進法で表記
         0~255 . 0~255 . 0~255 . 0~255
例）

    10000000  00100000  00001000  00000010
       128   .   32   .    8    .    2
```

図8.4 IPアドレスと表記フォーマット

8.2.2 IPアドレスの構造と表記

　IPアドレスは32ビットのバイナリビット列である．人が扱いやすくするため，図8.4の例のように8ビットずつ十進数で表し，ドットで区切って表記する．これを**ドット付き十進表記**という．十進法では8ビットがすべて0の場合は0，すべて1の場合は255になる．

　また，図8.5に示すように，IPアドレスはネットワーク部とホスト部に分けられる．ネットワーク部のビット数は固定でないため，ネットワーク部を明示する場合は，IPアドレスの後にスラッシュを挟んでネットワーク部のビット長を記述する．ネットワークやアドレスの範囲を表す場合はネットワーク部の後にスラッシュを挟んでネットワーク部のビット数を記述する．

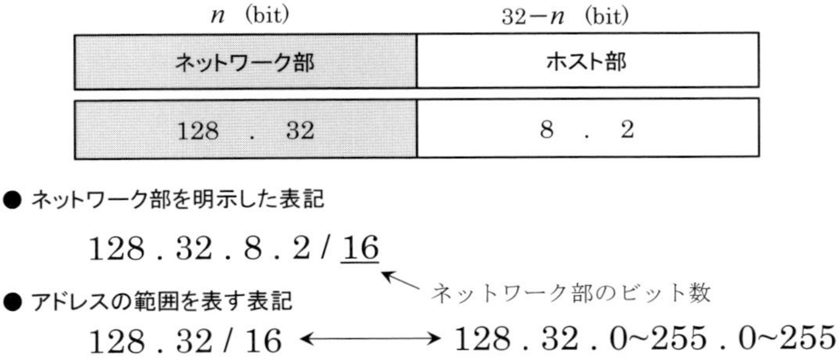

n (bit)	$32-n$ (bit)
ネットワーク部	ホスト部
128 . 32	8 . 2

● ネットワーク部を明示した表記
　　128 . 32 . 8 . 2 / 16
　　　　　　　　　　　　← ネットワーク部のビット数
● アドレスの範囲を表す表記
　　128 . 32 / 16　←――→　128 . 32 . 0~255 . 0~255

図8.5 IPアドレスの構造

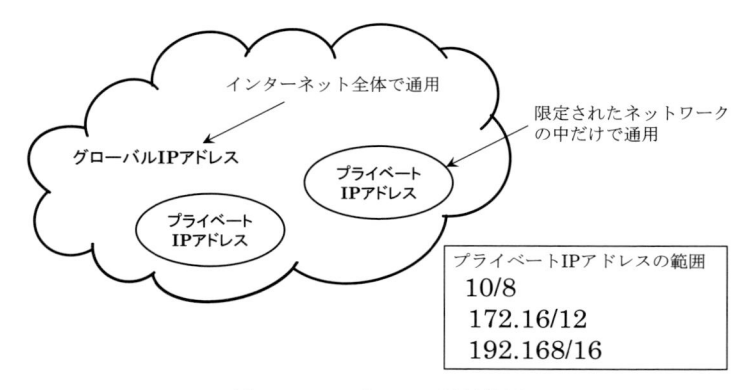

図8.6 IPアドレスの通用範囲

8.2.3 グローバルIPアドレスとプライベートIPアドレス

図 8.6 に示すように，IP アドレスの中には，限定された LAN の中だけで通用するものがある．これはプライベート IP アドレスと呼ばれ，10/8，172.16/12，192.168/16 の各アドレス範囲である．これらを宛先とする IP パケットは LAN の境界のルーターで遮断され，外部には転送されない．そのため，インターネット上に複数の同じプライベート IP アドレスが存在しても，通信が混乱することはない．そこで，プライベート IP アドレスは他から配布を受けなくても使用できる．ネットワークの管理者はそのプライベート LAN の中で重複しないように配布すればよい．

これに対して，インターネットの管理者から配布され，インターネット全体で唯一であることが保証されているアドレスは，**グローバル IP アドレス**と呼ばれている．現在，IPv4 でアドレス数が不足しているのはグローバル IP アドレスである．

プライベート IP アドレスは多くの LAN で用いられている．しかし，限定されたネットワークの中だけで通用するアドレスであるに関わらず，なぜ，プライベート IP アドレスのホストがインターネットサービスを受けることができるのだろうか．その仕組みについては 12 章で述べる．

なお，本章の図中で例として用いる IP アドレスは二進と十進の変換が容易な数値を例として用いたもので，実在するグローバル IP アドレスとは関係がない．

● ネットワークIPアドレス：ネットワークや範囲を表すIPアドレス

```
          ┌─────────────┬──────────────┐
          │ ネットワーク部 │ 000‥‥‥000  │
          └─────────────┴──────────────┘
                         ホスト部
```

例）128.32.0.0

ネットワーク内の機器のIPアドレスのネットワーク部は共通

128.32.1.2
128.32.10.20

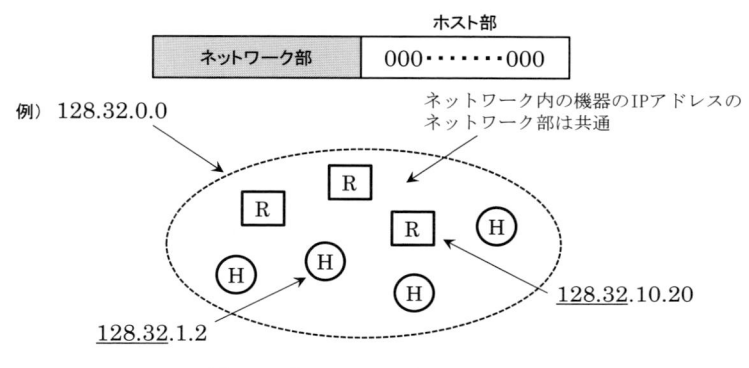

図 8.7　ネットワークと IP アドレス

8.2.4　ネットワークと IP アドレス

128.32 をネットワーク部とし，ホスト部がすべて 0 であるような IP アドレスは**ネットワーク IP アドレス**と呼ばれ，ネットワークを指す．ただし，ネットワーク IP アドレスは通信の宛先としては用いられず，割当やルーティングの制御情報として利用される．128.32/16 は 128.32.0.0/16 を略した書き方であるともいえる．

ここに複数のホストやルーターを含むネットワークがあるとする．このネットワークは AS でもよいし，キャンパス LAN でもよい．日本のネットワークの管理者は IP アドレスを JPNIC から配布してもらう（現在 JPNIC は実際の配布業務はしていない）．図 8.7 は 128.32/16 が割り当てられたネットワークの例で，ネットワーク IP アドレスは 128.32.0.0 である．ネットワークの管理者は，この中に含まれる IP アドレスを割り当てる．そのため，このネットワークのホストやルーターはすべて 128.32 というネットワーク部をもっている．

ネットワーク IP アドレスのネットワーク部を n ビットとすると，そのネットワークでは，約 2^{32-n} 個の IP アドレスをホストやルーターに割り当てることができる．これを**アドレス空間のサイズ**といい，割当可能なアドレス数の目安になる．IPv4 アドレスのアドレス空間は全体として 2^{32} である．この数字は当初設計されたときは十分大きいと考えられたが，実際には不足していたわけである．

表 8.1 IP アドレスのクラス

クラス	IP アドレス				通信のタイプ
A	ネットワーク部	ホスト部			ユニキャスト
	0〜127(0xxxxxxx)	0〜255	0〜255	0〜255	
B	ネットワーク部		ホスト部		
	128〜191(10xxxxxx)	0〜255	0〜255	0〜255	
C	ネットワーク部			ホスト部	
	192〜223(110xxxxx)	0〜255	0〜255	0〜255	
D	224〜239(1110xxxx)	0〜255	0〜255	0〜255	マルチキャスト

ただし，プライベート IP アドレス，ループバックアドレスは除く．

8.3　IP アドレスとクラス

8.3.1　クラスアドレスの体系

IP アドレスは表 8.1 に示すように，利用目的やサイトのノード数の規模によって，A〜D の 4 つのクラスに分けられている．各 IP アドレスが属すクラスとネットワーク部のビット数は，先頭からビットを調べていけばわかるようになっている．先頭（左端のビット）が 0 から始まるアドレスはクラス A でネットワーク部は 8 ビット，10 から始まるアドレスはネットワーク部 16 ビットでクラス B，110 から始まるのはネットワーク部 24 ビットでクラス C，1110 から始まるアドレスはクラス D である．A〜C はユニキャスト通信用のアドレスで，D はマルチキャスト通信に用いられる．本書ではクラス D アドレスについては扱わない．

クラス A は，配布できるネットワーク数は 2^8 個だが，配布されたネットワークのアドレス空間は 2^{24} と大きい．クラス C は配布できるネットワーク数は 2^{24} 個だが，配布されたネットワークのアドレス空間は 2^8 である．このように設計されたのは，多くのノードをもつ大規模なネットワークは少なく，小規模なネットワークはネットワークの数が多いと考えられたからである．

このように，クラスで管理されている IP アドレスを**クラスアドレス**という．

8.3 IPアドレスとクラス

●クラスアドレス：先頭から3ビットでネットワーク部のビット数が推定できる
　例）128.32.8.2の場合

　　　　$(128)_{10}$ = $(\underline{10}000000)_2$　10で始まる → クラスB → ネットワーク部は16ビット

●クラスレスアドレス：ネットワーク部のビット数表記に従う
　例）128.32.8.2/20の場合

　　　　　128 .　32 .　 8 .　 2
　　　　$\underline{10000000\ 00100000\ 00001000}$ 00000010
　　　　　ネットワーク部(20ビット)

図 8.8　クラスアドレスとクラスレスアドレス

8.3.2 クラスレスアドレス

クラスアドレスの場合，ネットワーク部を明示しなくてもネットワーク部のビット数がわかる．図8.8に示すように，128.32.8.2というIPアドレスがあった場合，128を二進法で表し，先頭ビットを調べると10から始まることがわかる．10から始まるアドレスはクラスBであるから，ネットワーク部のビット数は16であることがわかる．

しかし，IPv4のアドレスが不足してくるとクラスアドレスの管理は無駄が多いことがわかってきた．各クラスのアドレス空間のサイズが違いすぎるため，必要数をカバーするように配布を受けると使われないアドレスが多く出てしまうためである．そこで**クラスレスアドレス**が用いられるようになった．クラスレスアドレスでは1ビットごとにネットワーク部を設定できる．図8.8の例では，本来クラスBである128.32.8.2のネットワーク部を20ビットとしている．したがってアドレス空間は2^{12}に減少するが，配布できるネットワーク数は2^{16}から2^{20}に増加する．しかし，クラスレスアドレスはIPアドレスの絶対数の不足を解決することはできない．

一方，プライベートIPアドレスは自由に使え，アドレス空間も，10/8で2^{24}，192.168/16でも2^{16}で，限定されたLANのアドレスを賄うには十分な大きさがあるため，現在はプライベートIPアドレスが活用されている．

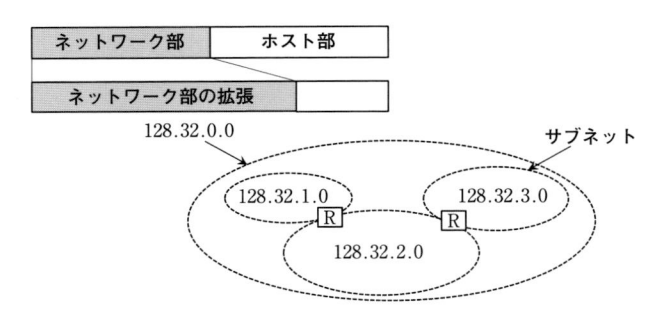

図8.9 サブネットへの割当て

8.4 IPアドレスとサブネット

8.4.1 サブネットのIPアドレス

ネットワークの管理者は，各機器にIPアドレスを割り当てる前に，配布されたIPアドレスのネットワーク部を拡張してサブネットに割り当てる．1つのサブネットに接続するホストやルーターには共通のネットワーク部をもつIPアドレスが割り当てられる．

図8.9では，割り当てられた128.32までのネットワーク部をさらに8ビット延長して24ビットにし，サブネットに割り当てている．この8ビットの延長によって約2^8個のサブネットにネットワークIPアドレスを割り当てることができる．図8.10により具体的な割当ての様子を示す．

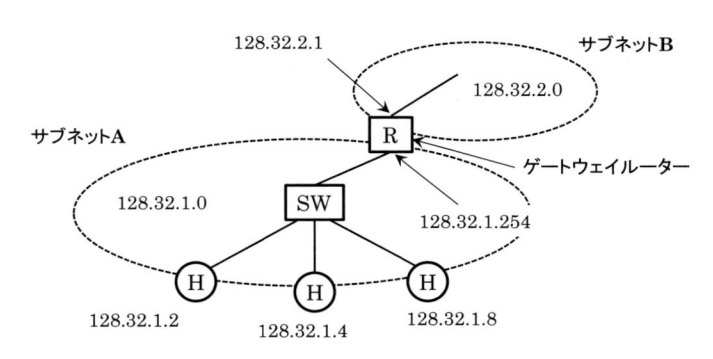

図8.10 IPアドレスの割当て例

8.4 IPアドレスとサブネット

●サブネットマスク：ネットワーク部を示す4オクテットのビット列

```
          ネットワーク部      ホスト部
          111……111      000……000
```

例） 128.32.8.2/24 の場合

```
サブネットマスク  11111111 11111111 11111111 00000000
                 255   .   255   .   255   .    0
```

●ネットワークIPアドレスを求める

```
         10000000 00100000 00001000 00000010 (128.32.8.2)
  AND)   11111111 11111111 11111111 00000000 (255.255.255.0)
         ────────────────────────────────────────────────
         10000000 00100000 00001000 00000000 (128.32.8.0)
```

図 8.11　ネットワーク部とサブネットマスク

8.4.2　サブネットマスク

IPアドレスを機器に設定する場合，ネットワーク部を示すため**サブネットマスク**というビット列を用いる．サブネットマスクは，ネットワーク部のビットがすべて1，ホスト部のビットがすべて0である32ビットのビット列である．IPアドレスと同じ長さであるため，ドット付十進表記で表すことができる．8個の1からなるバイナリ列は十進法では255であるから，たとえば，ネットワーク部が24ビットである場合のサブネットマスクは，255.255.255.0である．

サブネットマスクを使ってノードが属すサブネットのネットワークIPアドレスを求めるには，ノードのIPアドレスとサブネットマスクを二進法で表し各ビットのANDをとればよい．各ビットを1とANDをとっても変化せず，0とANDをとると0になるため，IPアドレスのホスト部だけが0となる．図8.11に演算例を示す．

このようにサイトでサブネットマスクを適切に設定すれば，ネットワーク部のビット数をネットワークの規模に合わせて最適にすることも可能であるが，実際は設定の誤りを防ぎ，あるいは設定の自動化に対応するため，ネットワーク部の長さを24ビットとすることが多い．

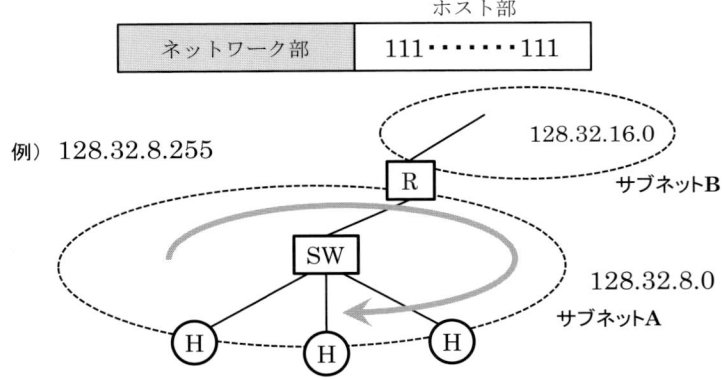

● ブロードキャストIPアドレス： サブネット内のすべての機器

ネットワーク部	ホスト部
	111‥‥‥‥111

例） 128.32.8.255

128.32.16.0
サブネットB

128.32.8.0
サブネットA

図 8.12　ブロードキャスト IP アドレス

8.4.3　ブロードキャストアドレス

3.2.2 で述べたようにブロードキャスト通信とはネットワークに接続したすべての機器を宛先とした通信であった．サブネットに対してブロードキャスト通信を行うときの IP アドレスを**ブロードキャストアドレス**という．ブロードキャストアドレスは，ホスト部の各ビットを 1 とした IP アドレスである．図 8.12 のサブネット A はネットワーク IP アドレスが 128.32.8.0 であるため，サブネット A に対するブロードキャスト IP アドレスは，128.32.8.255 となる．

　ブロードキャストには**ローカルブロードキャスト**と**ダイレクトブロードキャスト**の 2 種類がある．ローカルブロードキャストは自分が属しているサブネットへのブロードキャストでダイレクトブロードキャストは他のサブネットへのブロードキャストである．ローカルブロードキャストは IP 配送時に制御情報を交換するために用いられるが，ブロードキャストはネットワークの通信量を極端に増大させる可能性があるため，ダイレクトブロードキャストは禁止されていることが多い．

8.5 ホストのネットワーク設定

```
            サブネットA            R   ゲートウェイルーター
              128.32.8.0    SW
                                    128.32.8.254
                    H    H    H
```

ネットワーク設定パラメーター
・NICのIPアドレス　　128.32.8.2
・サブネットマスク　　255.255.255.0
・ゲートウェイルーター　128.32.8.254
　（デフォルトゲートウェイ）

ループバックアドレス
（全ホスト共通）
127.0.0.1

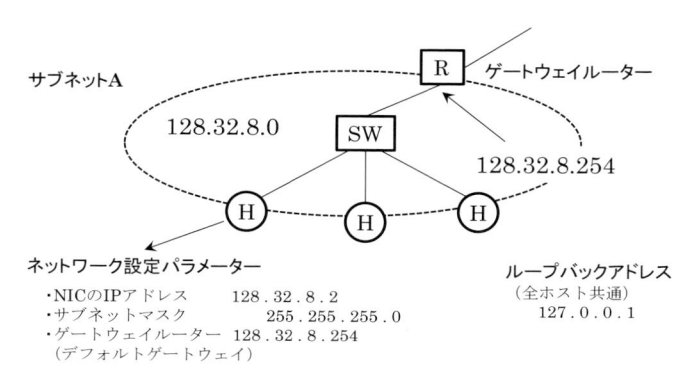

図 8.13　ホストのネットワーク設定

8.5　ホストのネットワーク設定

　ホストをネットワークに接続するとき設定しなければならないパラメータは，ホストのIPアドレス，サブネットマスク，ゲートウェイルーターのIPアドレスである．図 8.13では，サブネットAに接続するホストのパラメータを示している．ゲートウェイルーターはサブネットAと外部を接続するルーターである．これらのパラメータはサブネットAの管理者から配布されるものである．一般のサブネットではゲートウェイルーターは一つとは限らないがIPパケットが送信されるルーターは1つでなければならない．しかし，初めての送信などでどのルーターに送信すべきかわからないことがある．そのようなパケットを送信するゲートウェイルーターを**デフォルトゲートウェイ**と呼ぶ．設定するべきルーターは正確にはデフォルトゲートウェイである．

　ネットワークに接続するときは，他にDNSサーバーの設定が必要である．ネットワークを使用しているがパラメータは何も設定していないという人は，DHCPによる自動接続をしていると考えられる．DNSやアドレスの自動設定については12章で解説する．

　なお，ノード自身を指す仮想的なIPアドレスを**ループバックアドレス**という．コンピュータのネットワーク設定を確認するとローカルアダプタとしてリストアップされる．ループバックアドレスはどの機器でも同じで，127.0.0.1である．

〈8 章の課題〉

8.1 次の用語を説明しなさい．
　　(1)　ノード
　　(2)　サブネット
　　(3)　IP
　　(4)　グローバル IP アドレス
　　(5)　プライベート IP アドレス
　　(6)　ネットワーク IP アドレス
　　(7)　サブネットマスク

8.2　IP アドレスと MAC アドレスの違いを述べなさい．

8.3　検索：RFC791 の日本語訳を検索して記述内容を概観しなさい．

8.4　IP アドレス 172.16/12 について答えなさい．
　　(1)　ネットワーク IP アドレスをドット付十進表記および二進表記で表しなさい．
　　(2)　サブネットマスクをドット付十進表記および二進表記で表しなさい．
　　(3)　ホストやルーターに割り当てることのできる IP アドレス数を求めなさい．
　　(4)　10 個のサブネットに割り当てるにはネットワーク部を何ビット延長すればよいか．

8.5　サイト訪問：
　　(1)　IANA の Web サイトを訪問し Number Resources から，IP アドレスの配布表(IPv4 address space)を見つけなさい．
　　(2)　JPNIC の Web サイトを訪問し，IP アドレスに関する記事を読みなさい．

8.6　調査：使用しているノート PC の IP アドレスとサブネットマスクを調べなさい．設定画面を見るか，5 章の課題 5.3 を参考にネットワークコマンドで調べなさい．

IPv6（RFC 2460）

IPv6 用語解説

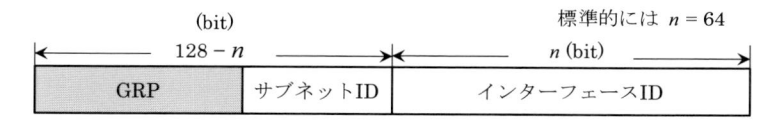

```
                     (bit)                           標準的には n = 64
        |←――――― 128 − n ―――――→|←―――――― n (bit) ――――――→|
        ┌──────────┬───────────┬─────────────────────────┐
        │   GRP    │ サブネットID │     インターフェースID      │
        └──────────┴───────────┴─────────────────────────┘
```

コロン付十六進表記　abcd:ef01:2345:6789:abcd:ef01:2345:6789

GRP: グローバルルーティングプレフィックス

　インターネットの発展と拡大に伴い，IPv4 の課題が顕在化するようになった．アドレスの枯渇はよく知られているが，ルーターの処理の手間が大きく負荷が高い，アドレス割当が自動化されていない，セキュリティ機能が弱い，マルチキャスト機能が限定的，モビリティ機能がないなどの課題がある．これらを解決するために設計されたのが IPv6 である．

　IPv6 アドレスは，16 オクテット（128 ビット）のビット列で，表記には十六進法が用いられる．十六進法の 1 文字は 4 ビットを表せるため，16 ビットを十六進法で表すと 4 桁になる．これを 8 個コロンでつないだ形式で表記する．それでも長いため，0 が続く箇所は略記できる．アドレス空間のサイズは 2^{128} で，IPv4 の $2^{128}/2^{32} = 2^{96}$ 倍である．

　IPv4 のネットワーク部は，管理組織から配布されるグローバルルーティングプレフィックス（GRP）と，拡張部分のサブネット ID に分かれ，ホスト部はインターフェース ID と名称が変わっている．GRP とサブネット ID で 64 ビット，インターフェース ID では 64 ビットが標準的な構成である．

　IPv4 ではグローバル IP アドレスとプライベート IP アドレスと 2 段階の通用範囲があったが，IPv6 では，これらはグローバルアドレスおよびユニークローカルアドレスと呼ばれ，さらにリンクローカルアドレスという，データリンクの中だけで有効なアドレスが定められている．

　また，インターフェース ID は NIC の MAC アドレスから自動生成され，ネットワークの情報は制御パケットから得られるため，ホストが接続する際に IP アドレスなどのパラメーターを設定する必要がない．

　IPv6 はアドレスの設計変更だけでなく，IP ヘッダーのフォーマットや IP パケットの配送方法，制御方法も大きく変更されている．

9 IPパケットの配送

章の要約

本章では，IPパケットの構造と，送信元ホストから宛先ホストまでIPパケットを配送する方法について解説する．さらに宛先ホストのアプリケーションへデータを渡す仕組みについて述べる．

9.1 IPパケットと配送の概要

9.1.1 IPパケットの構造

ホスト間通信でデータを運ぶパケットはIPパケットである．まずIPパケットの構造をみておこう．図9.1にIPv4パケットの構造を示す．IPパケットの先頭はネットワーク層のIPのヘッダーで，次にトランスポート層のTCPやUDPのヘッダーが続いている．ペイロードはネットワークアプリケーションなど上位層から渡されたデータである．

IPヘッダーの基本部分は20オクテットで，IPの制御情報，宛先IPアドレス，送信元IPアドレスが入る．その後に必要に応じてオプションを付けることができる．ヘッダー長は4オクテット単位で数えるため，オプションのビットが4オクテットの倍数にならない場合は0を追加して4オクテット倍になるようにする．この0は**パディング**(**詰物**)と呼ばれ，長さを調節するためのビットである．IPの制御情報は12オクテットある．図9.1ではこれを4オクテットずつ3段に表示していて上段の右端は次の段の左端に続いている．各フィールドの内容は次のとおりである．

9.1 IP パケットと配送の概要

IPパケット

OSI3層	OSI4層	ペイロード
IPヘッダー	TCP/UDPヘッダー	

IPヘッダー

IP制御 (12)	送信元IPアドレス (4)	宛先IPアドレス (4)	オプション/パディング (4の倍数)

IP制御情報

ver.4	ヘッダー長	ToS	パケット長	
ID			フラグ	フラグメントオフセット
TTL		上位プロトコル	ヘッダーチェックサム	

←―――――― 4オクテット ――――――→

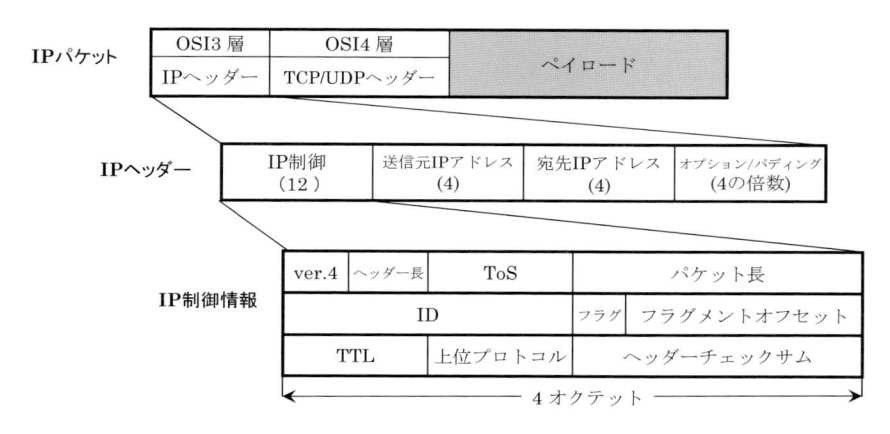

図 9.1 IP パケットの構造

最初の4オクテットはIPの種類や長さに関する情報が入っている．ver.はIPのバージョンで，ここで扱っているのはIPv4であるため4が入る．ヘッダー長はIPヘッダーの長さを4オクテット単位で数えた数である．**ToS**(Type of Service)は，通信品質を制御するためパケットの優先順位を指定するフィールドである．パケット長はパケット全体のオクテット数である．次の4オクテットはデータをIPフラグメンテーションで分割するときに必要な情報が格納されている．IPフラグメンテーションについては9.4で述べる．3段目先頭のTTLはIPパケットの寿命に関する制御情報である．上位プロトコルのフィールドにはトランスポート層のプロトコルを表す番号が書き込まれる．最後の**ヘッダーチェックサム**(header checksum)はヘッダーのビットエラーを検査するためのビットである．TTLとヘッダーチェックサムについては9.1.2で述べる．

ホスト間通信で送受信されるのは，データパケットだけではない．各ノードは制御パケットを使って情報交換をしており，制御パケットの内容やフォーマットはそれぞれのプロトコルによって異なる．IP配送の主な制御プロトコルはARPおよびICMPであるが，これらについては9.2および9.3で扱う．

また，トランスポート層プロトコルのヘッダーについては，9.5および10章で解説する．

図 9.2 IP パケットの配送

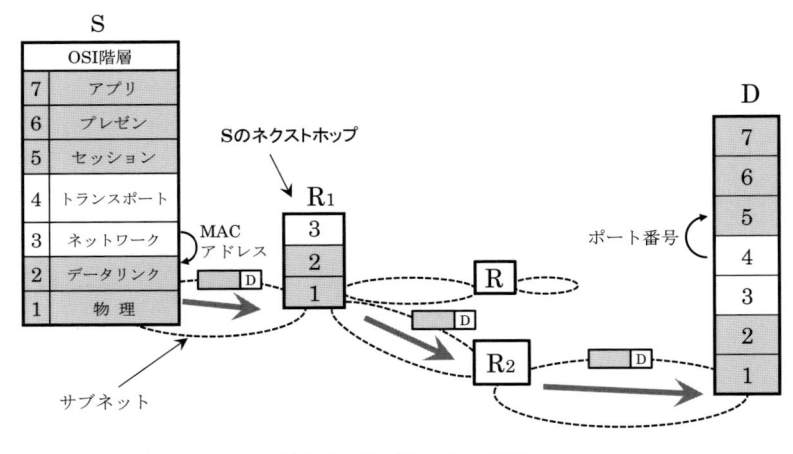

9.1.2 IP パケットの配送

IP パケットは，IP，ICMP，ARP の連携により送信元ホストから宛先ホストに送り届けられる．IP パケットの配送の様子を図 9.2 に示す．送信が始まると，IP パケットは通信経路上のノードによって宛先ノードまで次々と転送されてゆく．この様子を IP パケットがルーターを飛び越えていくのに例えて**ホップ**という．また，各ノードが次に送るノードを**ネクストホップ**（Next Hop，**次ホップ**）という．

送信元ホスト S の OS は，まずアプリケーションから渡されたデータと宛先ホストの IP アドレスなどから IP パケットを生成する．次にその IP パケットを宛先ホストの方へ送ってくれるネクストホップの IP アドレスを取得する．宛先ホストが同じサブネットのノードならネクストホップは宛先ホストだが，そうでない場合ネクストホップは 8 章で述べたゲートウェイルーターになる．

このようにしてネクストホップの IP アドレスは取得されるが，実際の通信はデータリンク通信であるため，ネクストホップの MAC アドレスが必要になる．そこで，送信元ホストは ARP を用いてネクストホップの IP アドレスから MAC アドレスを調べ，IP パケットとともに第 2 層に渡す．こうして送信ホストの処理は終了する．

9.1 IPパケットと配送の概要

図9.2で送信元ホストSのネクストホップはR_1である．R_1は，IPパケットを受け取るとヘッダーのビットエラーを調べる．送信元ノードでは**ヘッダーチェックサム**を次のように計算している．まずヘッダー内のチェックサムフィールドを0とする．ヘッダーを2オクテットごとに分け，それらの"1の補数和"を求め，さらにその"1の補数"を求めてチェックサムの値とし，フィールドに格納する．受信したルーターがヘッダーを2オクテットずつ分けて"1の補数和"を求め，さらにその"1の補数"を求めると，ビットエラーがなければ0が得られる．ここで"1の補数和"というのは各ビット列を補数表現とみて和をとるという意味である．

R_1は，次にIPヘッダー内の**TTL**(Time To Live)をチェックし，値を1減らす．TTLは送信元ホストでは最大ホップ数に設定されており，各ノードはTTLの値を減らして転送するため，IPパケットのTTLは転送されるたびに減っていく．TTLが0であるIPパケットはノードで廃棄される．このようにするとどんなパケットも最大ホップ数以上に転送されることはない．この仕組みは，何らかの理由で宛先ホストに到達できなくなったIPパケットがインターネット内をホップし続けるのを防いでいる．最大ホップ数はインターネットの最大通信経路長よりも少し大きい値が望ましい．そのため，インターネットの拡大に伴って増加している．

さて，R_1は，次項で述べる経路選択によって隣接ノードの中から宛先ホストに向かうネクストホップのIPアドレスを求める．さらにこれをMACアドレスに変換してIPパケットとともに第2層に渡す．このようにしてIPパケットは宛先ホストDに送られていく．

宛先ホストDでは，各ヘッダーが外され，ペイロードはアプリケーションに渡される．しかし，コンピュータのOS上ではいろいろなプロセスが同時に動作している．その中から該当するアプリケーションのプロセスにデータを渡さなければならない．そこで**ポート番号**というパラメータを用いてプロセスを識別する．この仕組みは9.5で述べる．

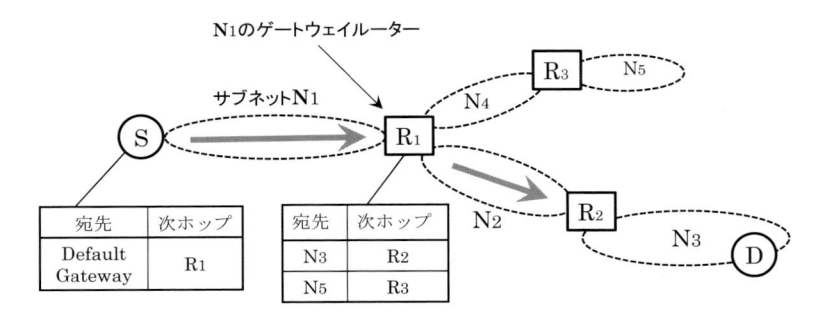

図9.3 ルーターと経路選択

9.1.3 ルーターと経路選択

ルーターの最も重要な役割は経路選択である．図9.3はルーターによる経路選択の様子を示している．ルーターは複数のサブネットに接続しているため，どのサブネットにIPパケットを送信すべきか判断しなければならない．そのため，**経路制御表(ルーティングテーブル)** と呼ばれる宛先のサブネットとネクストホップの対応表をもっている．

IPパケットは，宛先ホストが属すサブネットのゲートウェイまで届けられれば，その先は9.2で述べる方法で宛先ホストに送信できる．そこで，経路制御表では，宛先ネットワークすなわち宛先ホストが属すサブネットのIPアドレスが宛先としてリストアップされている．また，経路制御表のネクストホップは，次に送るノードのNICのIPアドレスである．

ルーターは，経路制御表でIPパケットの宛先IPアドレスと最長一致する宛先ネットワークを検索し，対応するネクストホップを選択する．ルーターだけでなくホストも経路制御表を持っており，経路制御表のデフォルトゲートウェイには，宛先IPアドレスに一致する宛先がないときに送信するゲートウェイルーターが記述されている．

この経路制御表はネットワークの管理者がコマンドで設定することも可能であるが，通常は自動的に生成され更新される．これらの経路制御表生成を**ルーティング(経路制御)** といい，11章で解説する．なお，経路制御表を参照して経路を選択することもルーティングと呼ばれているので注意が必要である．

ARP（RFC 826）

ARPパケット

タイプや長さ	送信元 MACアドレス	送信元 IPアドレス	宛先 MACアドレス	宛先 IPアドレス

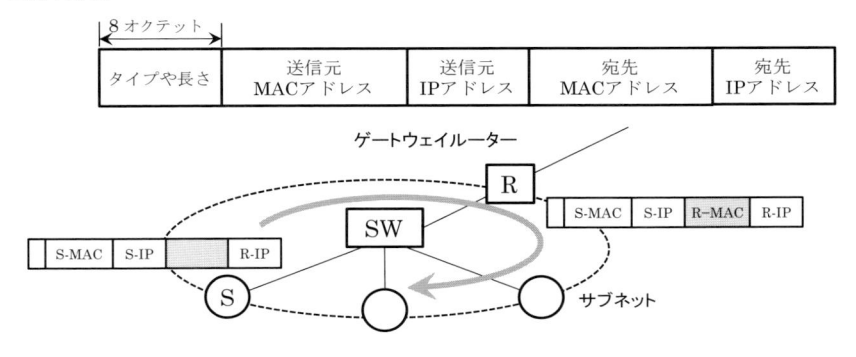

(先頭：8オクテット)

図 9.4　ARPによる MACアドレス解決

9.2　MACアドレス解決：ARP

IP アドレスから MAC アドレスを取得することを **MAC アドレス解決** という．**ARP**（Address Resolution Protocol，アープ）は MAC アドレスを解決するためのプロトコルで，各ノードは ARP パケットを定期的に送信して隣接ノードの MAC アドレスを調べている．図 9.4 に示すように ARP パケットは送信元および宛先について IP アドレスおよび MAC アドレスを入れるフィールドをもっている．送信元ノードは，自分の 2 つのアドレスおよび宛先 IP アドレスをセットして，サブネットにローカルブロードキャストする．該当するノードがサブネット内にあれば，そのノードは受信した ARP パケットに自分の MAC アドレスを入れて返信し，送信元ノードは IP アドレスから MAC アドレスを得ることができる．送信元ノードがスイッチングハブに接続されている場合，ブロードキャストの範囲はスイッチングハブのブロードキャストドメインになる．図 9.4 では S がゲートウェイルーター（R）の MAC アドレスを調べる様子を示している．IP アドレスのブロードキャストで R に送信できるなら，MAC アドレスで送信し直す必要がないようにも思えるが，IP で送信した場合サブネット内に R 以外のルーターがあるとそれらもパケットを受信して R に転送するためパケットが増えてしまう．なお，送信元ノードは結果を**キャッシュ**という一時的な格納場所に保存しておき，MAC アドレス解決をする前にキャッシュの情報を優先的に使用する．

ICMPパケット

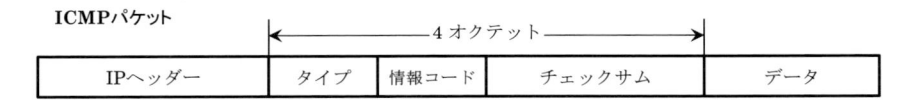

IPヘッダー	タイプ	情報コード	チェックサム	データ

←──── 4オクテット ────→

タイプ		情報コード		内容
0	エコー応答			ICMPタイプ8の受信に応答する
3	到達不能	0	ネットワーク	宛先ネットが見つからない
		1	ホスト	宛先ホストが見つからない
		4	分割が必要	パケットサイズが大きすぎる
8	エコー要求			ICMPタイプ0の送信を要求する
11	時間超過			TTLが0になったのでパケットを廃棄した

図9.5 ICMPパケットの構造

9.3 配送状況の通知：ICMP

　IPはコネクションレス通信である．IPパケットを送信するとき，送信元ホストは宛先ホストの状態や通信経路の状況を確認せずに送信を始める．しかし，宛先ホストや通信路の途中のルーターが故障やメンテナンスで停止している場合もある．送信元ホストがそれを知らないとIPパケットを投げ続けることになる．**ICMP**（Internet Control Message Protocol）はこのようなとき送信元ホストに問題の発生を通知するプロトコルである．

　図9.5にICMPパケットの構造と主な内容を示す．ICMPパケットはIPヘッダーをもつパケットである．その後はICMP独自のフォーマットになっており，タイプと情報コードで構成されている．

　各タイプはそれぞれ，情報コードが決まっている．まず，タイプ3は，到達不能（unreachable）を表し，その情報コードは到達できない理由を示している．たとえば，情報コードの0はサブネットに到達できないことを示し，1はホストに到達できないことを示している．宛先ホストが停止していると手前のルーターはIPパケットを送信することができない．そこで，そのルーターはタイプ3情報コード1のICMPパケットを送信元ホストに返送し，状況を伝える．また，タイプ11はTTLが0になってIPパケットが廃棄されたとき，それを通知するICMPメッセージである．

ICMP（RFC 792）

9.3 配送状況の通知

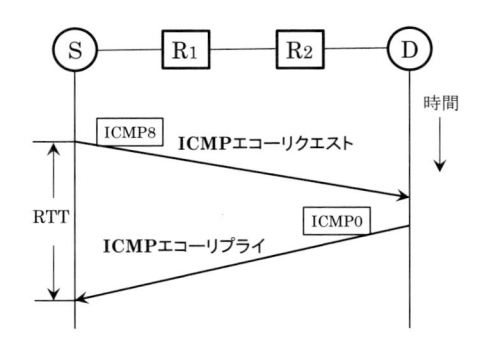

図 9.6 ICMP エコーリクエスト / エコーリプライ

タイプ 8 の ICMP パケットは ICMP エコーリクエスト（エコー要求）といい，図 9.6 に示すように，受信したホストは送信元ホストに対し直ちにタイプ 0 の ICMP エコーリプライ（エコー応答）を返信する．これを利用すると予め宛先ホストへ配送できるかどうかテストすることができる．

また，送信元で，タイプ 0 のパケットが帰ってきた時刻からタイプ 8 のパケットを送信した時刻を引けば，パケットが往復にかかった時間が求められる．この時間を **RTT**（Round Trip Time，**ラウンドトリップタイム**）という．ホストからホストへの正確な通信遅延時間を調べるには両方のホストの時刻を必要な精度で合わせる必要があるが，インターネットは広大であるため精度の高い時刻同期は難しい．ICMP エコーによる RTT の計測は，送信元ホストだけで実行でき相手ホストとのネゴシエーションも不要であるため，通信速度の計測にも活用されてきた．

ICMP エコーを実行するネットワークコマンドは **ping** や **traceroute** である．パケットにダミーのデータを入れて，パケットサイズによる通信状況の変化を調べることもできる．しかし，これらのコマンドを悪用したサーバーへの攻撃が行われるようになったため，インターネット上の多くのサーバーは外部からの ICMP エコーリクエストに応答しないように設定されている．

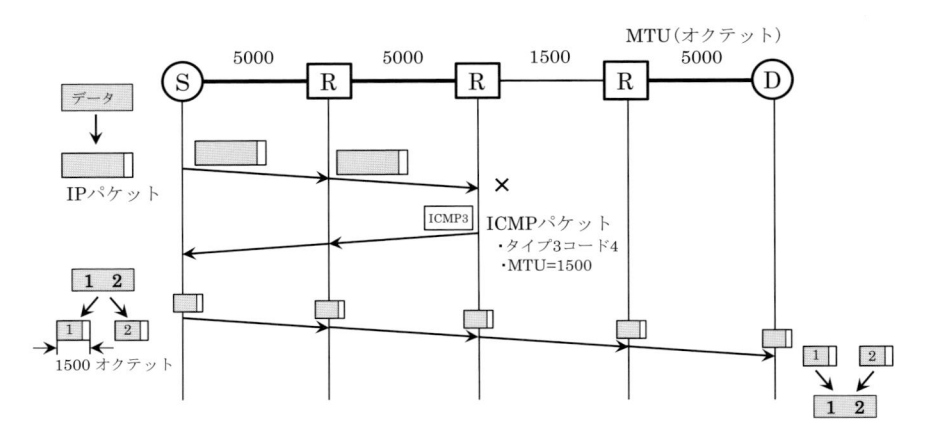

図 9.7　IP フラグメンテーションと経路 MTU 探索

9.4　IP フラグメンテーションと経路 MTU 探索

5章でデータリンクの通信では1フレームで送信できるデータサイズにMTUと呼ばれる上限があることを述べた．MTUより大きな通信データは分割して送信しなければならない．分割送信の基本的な手順は次のとおりである．

まず，分割するデータサイズを決め，通信データを分割する．それぞれにIPヘッダーとトランスポート層ヘッダーを付けてIPパケットを生成する．各IPパケットにID番号を付け，ヘッダーのIDフィールドに書き込む．さらにフラグメントオフセットに元の通信データの中の位置を書き込む．宛先ホストでは，他の通信のパケットが同時に到着することもあるが，IDとフラグメントオフセットを手がかりにして元の通信データが復元される．このようなIPパケットの分割送信を **IP フラグメンテーション** と呼んでいる．

通信データを小さく分割すると各パケットにヘッダーやトレーラーを付けなければならないため送信されるビット数が増え，ホストでのパケットの分割や組立ての処理の手間も増える．したがって，パケットはなるべく大きいままにしておきたい．また，中継するルーターではパケットの分割が起こらないようにしたい．

9.4 IP フラグメンテーションと経路 MTU 探索

そこで，送信元ホストで通信路上の最も小さい MTU のサイズに通信データを分割して送信するのがよい．この MTU を**経路 MTU** と呼ぶ．IP パケットを送信するためには経路 MTU を得る必要がある．

IP パケット配送では，経路 MTU の探索と IP パケットの分割を同時に行っている．その様子を図 9.7 に示す．まず，送信元ホストは，自身が接続しているデータリンクの MTU がわかる．MTU はフレームのペイロードサイズの上限であるから，IP パケットのヘッダーも含まれる．そこで，送信元ホストは MTU から IP ヘッダーとトランスポート層ヘッダーを引いたサイズに通信データを分割する．さらに IP ヘッダーのフラグに分割禁止を指定して送信する．

ルーターが次々と転送していく途中で，送信元のデータリンクより小さい MTU のデータリンクに遭遇したとする．分割禁止フラグがあるため，その地点のルーターは分割することができず IP パケットを先に送ることができない．そこで，ルーターは IP パケットを廃棄し，到達不能メッセージと送れなかったデータリンクの MTU を ICMP パケットにのせて送信元ホストに返す．

ICMP パケットを受け取った送信元ホストはそのサイズに分割して再送する．今度はそのデータリンクは通過できる．その後，MTU がさらに小さいデータリンクに遭遇するたびにルーターは IP パケットを廃棄して MTU を返送する．これを繰り返して宛先ホストに到達したときには，IP パケットのサイズは最小 MTU になっている．これが**経路 MTU 探索**である．

この方法では，データ通信と同時に経路 MTU 探索を行うため，送信ホストが接続しているデータリンクの MTU が経路上の最小 MTU であれば，最初のパケットから問題なく通信が行われ，ルーターでの IP パケットの廃棄と通知は発生しない．しかし，宛先ホストに近づくにつれて MTU が小さくなるような通信路のケースでは，最初のパケットが宛先に到達するまでの間，ルーターでのパケットの廃棄が頻発することになる．

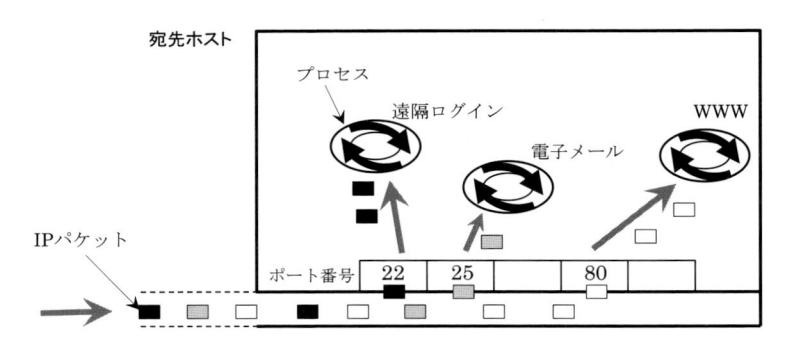

図 9.8 ネットワークアプリケーションとポート番号

9.5 アプリケーションへの配送

9.5.1 ポート番号の役割

コンピュータの OS は**マルチタスク**といって複数のソフトウェア処理を同時に実行することができる．ソフトウェア処理の単位は**プロセス**と呼ばれ，ソフトウェアが実行されるときは新しいプロセスが生成され，実行が終るとそのプロセスは生滅する．プロセスの実体は，その処理で使用を許可される CPU やメモリである．電子メールや WWW などのネットワークアプリケーションソフトウェアも実行中はプロセスが生成される．複数のネットワークアプリケーションが実行中のときは，複数のプロセスが生成されている．複数のネットアプリケーションプロセスが同時に稼働している中で，目的のプロセスに間違いなくデータを渡すにはどうしたらいいだろうか．

TCP/IP では**ポート**という概念が用いられる．ポートは，空港で航空機に搭乗するとき通るゲートに例えられる．空港がホスト，航空機が受信ホストのアプリケーションプロセスで，通信パケットは乗客である．空港では，乗客がチケットに指定された番号のゲートから入ると，そこに搭乗しようとする航空機が待っている．

UDP（RFC 768）

9.5 アプリケーションへの配送

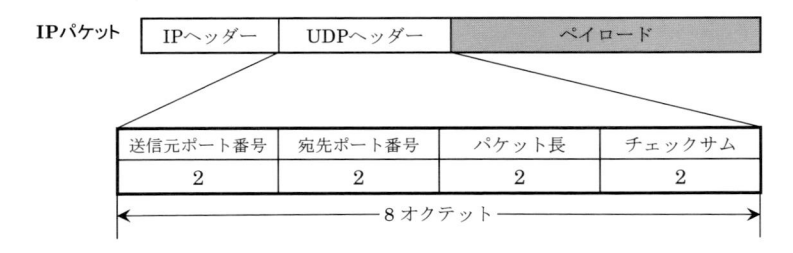

```
IPパケット  | IPヘッダー | UDPヘッダー | ペイロード |
```

送信元ポート番号	宛先ポート番号	パケット長	チェックサム
2	2	2	2

←──────── 8オクテット ────────→

図 9.9 UDPヘッダーのフォーマット

　それと同様に，各ネットワークアプリケーションは，通信データを受け渡す**ポート番号**を予め決めておく．送信元ホストの OS は IP パケットを生成する際，宛先ポート番号をヘッダーに記述する．宛先ホストの OS がそのポートにデータを送り込むと該当するネットワークアプリケーションプロセスがデータを待っている．このようにして，目的のプロセスにデータが渡される．この様子を図 9.8 に示す．このコンピュータでは，ネットワークサービスを提供するアプリケーションプロセスが 3 つ同時に稼働している．WWW サービスのプロセスは 80 番ポートにくるデータを受け取って処理する．電子メールサービスのプロセスは 25 番ポートのデータを受け取って処理する．

　ポート番号は IP パケットの中のトランスポート層プロトコルのヘッダーの中に記述される．図 9.9 は最も単純な **UDP** (User Datagram Protocol) のヘッダーのフォーマットである．TCP などのトランスポート層プロトコルのヘッダーも先頭部分にはポート番号が記述されており，この番号に従って，アプリケーションプロセスへ通信データが渡される．

表9.1 代表的なウェルノウンポート

ポート番号	アプリケーションプロトコル	主な下位プロトコル	ポート番号	アプリケーションプロトコル	主な下位プロトコル
53	DNS	UDP	20	FTP-DATA	TCP
67, 68	DHCP	UDP	21	FTP	TCP
123	NTP	UDP	22	SSH	TCP
161, 162	SNMP	UDP	23	TELNET	TCP
520	RIP2	UDP	25	SMTP	TCP
			80	HTTP	TCP
			110	POP3	TCP
			143	IMAP4	TCP
			179	BGP	TCP

9.5.2 ウェルノウンポート

ポート番号は16bitのバイナリー列であり，0〜65535まで2^{16}個の番号を割り当てることができる．どの番号を使うかは送信側のアプリケーションと受信側のアプリケーションが決めておけばよく，実行時に指定することもできる．しかし，WWWなどのインターネットサービスを提供するアプリケーションがサーバーごとに異なるポート番号を使用すると，ポート番号を知らないクライアントはリクエストを送ることができない．そこで，ポート番号のうち，0〜1023は**ウェルノウンポート**（well-known port）と呼ばれ，各インターネットサービスのポート番号が決められている．代表的なウェルノウンポートを表9.1に示す．

ネットゲームなどでは，1つの通信で複数のポートをその場その場で決めて使用する．このような使い方を動的な利用といい，そのため，49152〜65535が割り当てられている．

〈9章の課題〉

9.1 次の用語を説明しなさい．
   (1)　ホップ　　　　　　(6)　RTT
   (2)　ネクストホップ　　(7)　経路 MTU
   (3)　経路選択　　　　　(8)　UDP
   (4)　ARP　　　　　　　(9)　ポート番号
   (5)　ICMP　　　　　　 (10)　ウェルノウンポート

9.2 IP ヘッダーおよび UDP ヘッダーの主な内容は何か．

9.3 IP パケットの配送処理を，送信元ホスト，ルーター，宛先ホスト毎に箇条書きにしなさい．

9.4 ARP による MAC アドレス解決の仕組みを説明しなさい．

9.5 IP フラグメンテーションの仕組みを説明しなさい．

9.6 経路 MTU が 1000 オクテットの通信路に 4 kB のデータを UDP で送信した時，分割される IP パケットの個数と各パケットのサイズを求めなさい．ただし，ヘッダーオプションはないものとする．

9.7 サイト訪問：

　IANA の Web サイトでポート番号の割当状況を確認しなさい．

　http://www.iana.org/assignments/port-numbers

9.8 研究課題
   (1)　コマンド ping の使用方法を WWW で調べなさい．使用許可されている 2 台の PC を使用して ping コマンドを実行し，通信状況を調べなさい．
       UNIX/Mac/WIN: ping ＜宛先 IP アドレス＞ 各種オプション
   (2)　LAN アナライザーをインストールし，どのようなパケットが送受信されているか確認しなさい

10 ホスト間通信の通信制御

章の要約

ホスト間通信ではトランスポート層のプロトコルが通信制御を担当している．TCP はその代表的なプロトコルで，高信頼性通信を行うためにさまざまな通信制御を行う．本章では，TCP の通信制御について述べる．

10.1 トランスポート層と通信制御

10.1.1 トランスポート層の役割

オフィスの大きな文書を添付ファイルにして電子メールで送信することを考えてみよう．p.49 で述べたように大きなデータは分割し IP パケットにして送る．この IP パケットがすべて宛先に届かなければ受け取った文書を読むことはできない．それは，文書を構成している文字や記号が文字コード表で厳密に変換されて送られるため，一部のデータが失われるとそれ以降正しく復元することができないからである．これは電子メールだけではなく，WWW やファイルのダウンロード，アップロードも同様である．これらのネットワークサービスでは，すべての送信データが宛先ホストに間違いなく届くことが必要である．このような通信を**高信頼性通信**という．しかし，インターネットは世界的なネットワークであるため，IP パケットが送信元ホストを出発してから宛先ホストに到着するまでには多くのルーターを通る．インターネットには常に膨大な通信が発生しており，ビットエラーの発生や混雑したルーターのバッファあふれのため IP パケットが失われてしまうことがある．

10.1 トランスポート層と通信制御

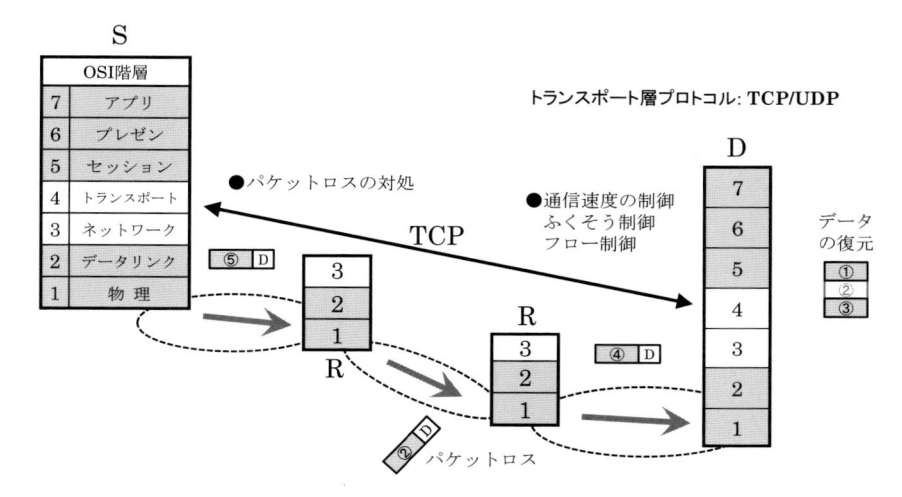

図10.1 ホスト間通信の通信制御

通信中に IP パケットが失われてしまうことを**パケットロス**というが，インターネットではパケットロスが発生することが少なくない．そこで，IP 通信では送信元ホストと宛先ホストが情報交換することによって，パケットロスに対処しつつ，スループットをなるべく低下させないような通信制御を行っている．図 10.1 に示すように，ホスト間通信の通信制御を担当するのは OSI 第 4 層トランスポート層で，そのプロトコルである TCP（Transmission Control Protocol）の通信制御によって高信頼性通信を行っている．

9章で，トランスポート層の基本プロトコルとして UDP を紹介した．UDP の役割はホストが受け取ったデータをアプリケーションに渡すことであった．TCP も UDP と同じようにデータをアプリケーションに渡す役割をもっている．TCP は，それに加えて高信頼性通信のための通信制御を行うのである．TCP は，パケットロスが発生したときの対処だけでなく，通信速度の制御を行う．通信速度の制御はふくそう制御とフロー制御を含み，通信路上のルーターや宛先ホストでのパケットロスの発生を防ぎながら高速に通信することを目指している．

表 10.1 TCP と UDP

	TCP	UDP
特　徴	信頼性重視	速度重視
コネクションタイプ	コネクション型	コネクションレス型
データの分割	する	しない
パケットロス対処	する	しない
フロー制御	する	しない
ふくそう制御	する	しない
上位プロトコルの例	遠隔ログイン（SSH） ファイル転送（FTP） 電子メール（SMTP） WWW（HTTP）	動画像配信 管理・制御 （DNS，DHCP，SIP 他）

10.1.2　TCP と UDP

表 10.1 は TCP と UDP の比較を示している．TCP は，通信データの信頼性を確保するために失われたパケットの再送や通信速度の制御を行う．そのため，通信に先立って情報交換をする必要があり，3 章で述べたコネクション型の通信を行う．

しかし，WWW や電子メール以外の，たとえば IP 電話のような通信では TCP の仕組みはうまくいかない．動画や音声データは，文字と違い元々アナログ量であるため，パケットが多少失われてもまったく視聴できなくなるわけではない．届かなかったデータを再送することにはあまり意味がなく，そのために通信速度が低下するとむしろ視聴できなくなってしまう．このような通信では，データの信頼性は低くてもなるべく高速に送信する方が望ましい．そこで，動画像や音声の通信では UDP が適している．

また，OSI 第 5 層以上のプロトコルの中には，ユーザーサービスを行うプロトコル以外に，インターネット通信を管理・制御するプロトコルがある．これらのプロトコルで交換する制御データはサイズが小さく分割されない．そのため，UDP プロトコルを使用することが多い．また，アプリケーション側で通信制御を行う場合も UDP プロトコルが使用される．

TCP（RFC 793）

10.1 トランスポート層と通信制御

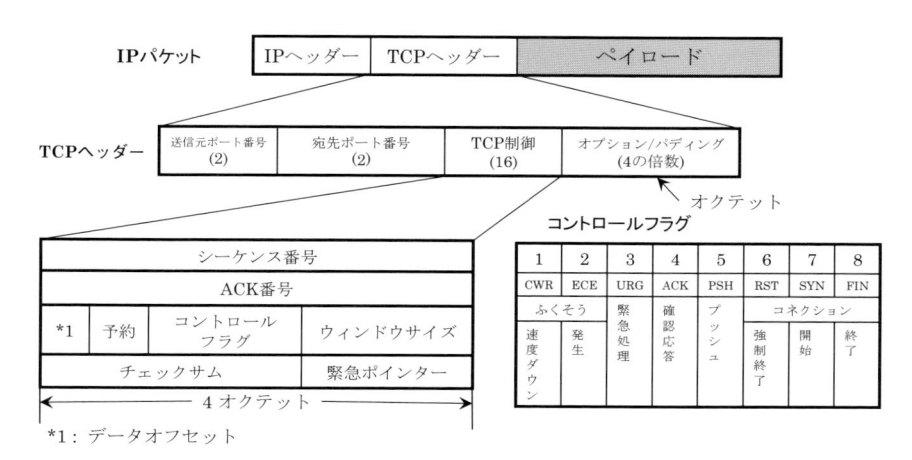

図 10.2 TCPヘッダーのフォーマット

10.1.3 TCPヘッダーのフォーマット

TCPのヘッダーは図10.2のようなフォーマットである．最初の4オクテットは宛先ポート番号と送信元ポート番号で，9章で示したUDPのフォーマットと同じであるが，その後はUDPと異なり通信制御に必要な制御情報が続いている．シーケンス番号やACK番号は分割されたデータの位置を示す制御データである．

TCPが制御情報の交換をするときは，TCPヘッダーだけのパケットが用いられる．これをここではTCP制御パケットと呼ぶ．TCP制御部分の3段目の2オクテット目にあるコントロールフラグは制御情報の種類を表すフラグである．それに続くウィンドウサイズは送信速度を制御するための制御情報である．

TCPのデータパケットは，**TCPセグメント**と呼ばれ，ヘッダーの後に続くペイロードにはアプリケーションから渡されたデータが格納される．TCPセグメントやTCPの制御パケットは，上位層から渡された宛先ホストのIPアドレスとともにネットワーク層に渡され，IPパケットが生成される．

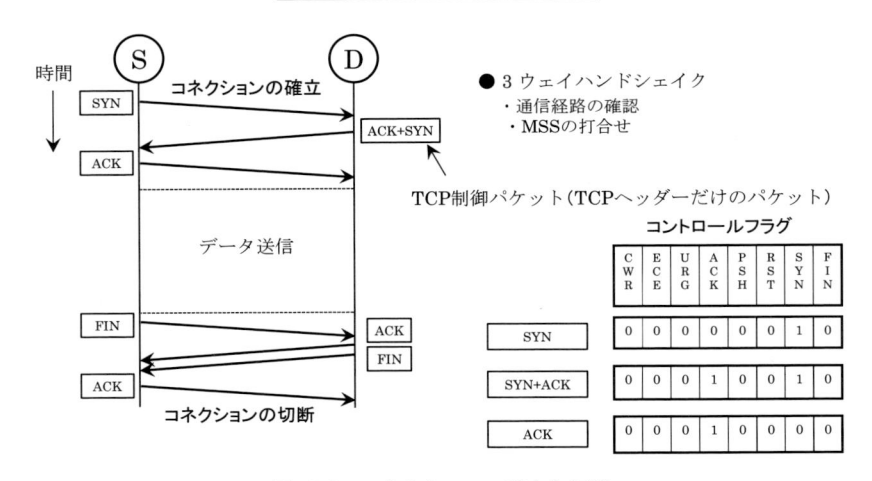

図 10.3　コネクションの確立と切断

10.2　TCP の通信制御

10.2.1　コネクションの確立と切断

　TCP は通信制御をするためコネクション型の通信を行う．コネクション型の通信では通信の前にコネクションを確立し，データ送信が完了するとコネクションを切断する．この様子を図10.3に示す．コネクションを確立するときは，送信元ホストは宛先ホストに対してSYNパケットと呼ばれるTCP制御パケットを送信する．SYN は TCPヘッダーのコントロールフラグが00000010で通信の開始を要求するという意味である．これを受信した宛先ホストはACK（確認）とSYNを兼ねたパケットを返す．このとき，制御に必要なデータも送信する．送信元ホストはこれによって宛先ホストに通信ができることを確認すると同時に制御に必要なデータも入手する．送信元ホストは制御情報を受け取ったことを宛先ホストにACKパケットで伝える．これでデータ送信をする準備が整いデータ送信ができるようになる．このコネクション確立は**3ウェイハンドシェイク**と呼ばれている．

　コネクションを切断するときは，SYN の替わり FIN "終了"を送信元ホストから送る．確立するときと同様にコネクションを切断する．なお，ACK パケットを返信することを"ACK を返す"という．

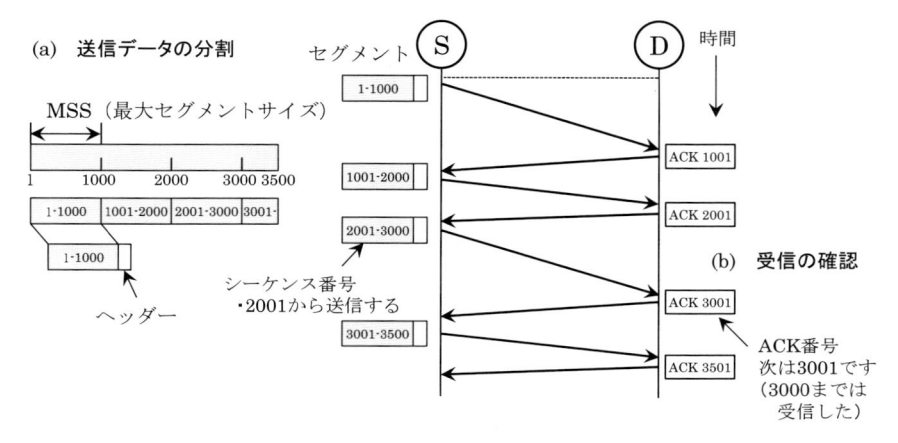

図 10.4　分割送信と受信の確認応答

10.2.2　分割送信と確認応答

8 章で述べた IP フラグメンテーションはいわば偶発的な分割であるため，それに対する制御は難しい．そこで，TCP ではコネクションを確立する際に，IP フラグメンテーションが起きない最大のデータサイズを送受信ノード間で打合せ，そのサイズで予め分割して送信するのが望しい．このサイズを **MSS**（Maximum Segment Size）と呼ぶ．また，分割されたデータを**セグメント**という．

図 10.4 (a) は，アプリケーションから渡されたデータを MSS で分割し，送信する様子を示す．このとき，TCP ヘッダーの**シーケンス番号**に元データにおけるセグメントの先頭の位置がオクテット単位で書き込まれる．

図 10.4 (b) に示すように，セグメントを受信した宛先ホストは，シーケンス番号と IP ヘッダーから得られるパケット長の情報から，受信し終ったデータを TCP ヘッダーの **ACK 番号**に書き込み ACK パケットを返す．これによって，送信元ホストは，各セグメントが宛先ホストに届いたことを確認する．宛先ホストでは，シーケンス番号に従って元データを復元していく．

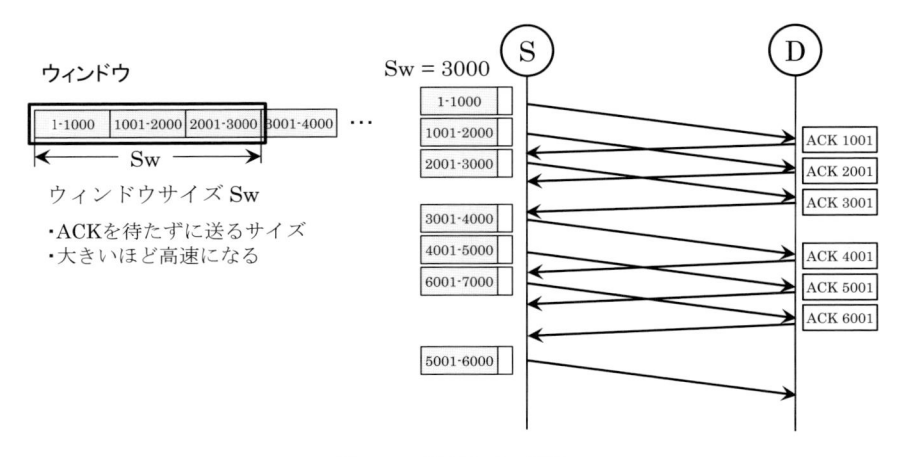

図 10.5 通信速度の制御

10.2.3 通信速度の制御

10.2.2 で基本的な分割送信と ACK による確認応答について述べたが，一つひとつのセグメントの受信を確認してから次のセグメントを送るのは通信効率が悪い．いちいち ACK を待たずに複数のセグメントを一度に送る方が高速に送ることができる．そこで，一度に送るセグメントだけがみえる大きさの窓を考え，それをずらしながら送信していく．この窓を**ウィンドウ**といい，**ウィンドウサイズ**は一度に送るセグメントのデータ量である．図 10.5 の例では 1 つのセグメントは 1000 オクテットで，ウィンドウは 3000 オクテットである．3 つのセグメントをまとめて送信し，返ってくる ACK ですべてのセグメントが受信されたこと確認してから，ウィンドウをスライドさせ次のセグメント群を送る．この送信方式は**スライディングウィンドウ方式**と呼ばれている．

ウィンドウサイズが大きければ大きいほど一度に送信するデータ量が増えるため，送信速度は速くなる．逆にウィンドウサイズを小さくすれば送信速度は低下する．ウィンドウサイズは通信しながら変化させることができるため，ウィンドウサイズを変えることによって通信速度を制御することができる．

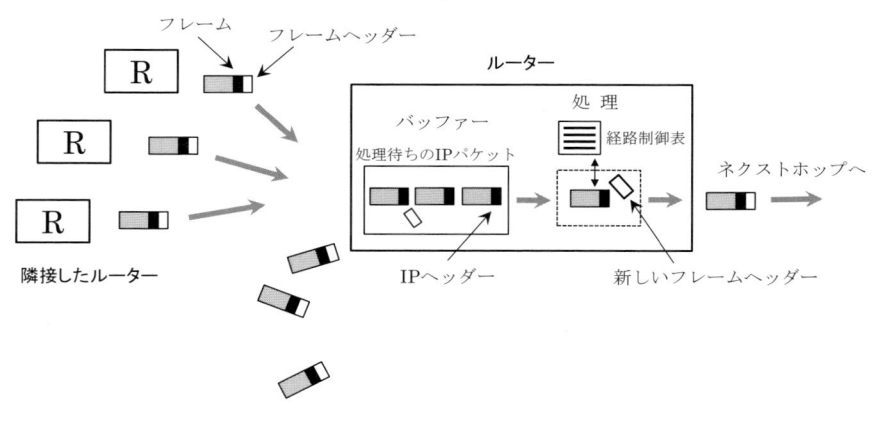

図 10.6　パケットロス

10.3　パケットロスと再送

10.3.1　パケットロス

まず，パケットロスがどのようにして起きるのかみてみよう．図 10.6 は，通信経路の途中のルーターでパケットロスが発生する様子を示している．このルーターには複数の隣接ルーターからパケットが送信されてくる．ルーターが受信するのはフレームである．受信されたフレームは，フレームヘッダーが外され，ルーター内のバッファーに一旦保存されて処理を待つ．順番がくると，ルーターは，IP ヘッダー内の宛先 IP アドレスをキーに経路制御表を参照して経路選択を行う．さらに，ネクストホップの IP アドレスを MAC アドレスに変換して新しいフレームヘッダーを付け，ネクストホップへ送出する．（IP ヘッダーの TTL も書き換えられる）

このルーターは混んでいて，隣接ルーターから次々とフレームが送信されてきている．しかし，バッファーがいっぱいになっているため，到着したフレームは保存できずに失われてしまうのである．このようにして，パケットロスが発生する．

また，フレームを受信した際，OSI 第 2 層の処理でビットエラーが見つかりフレームが廃棄される場合もある．

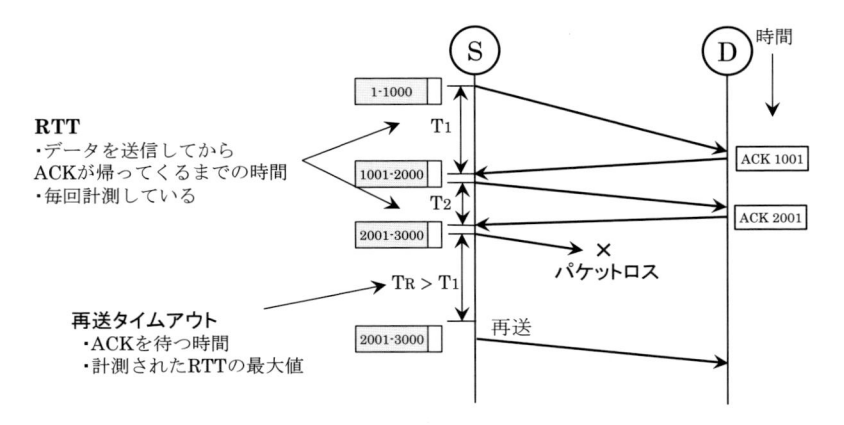

図 10.7 IP パケットの再送：再送タイムアウト

10.3.2 再送タイムアウトの計測

データを送信しても ACK が返ってこないときは途中でパケットが失われてしまった可能性がある．そのときは，**再送**すなわちもう一度送る．このとき，ACK が返ってこないと判断する待ち時間を**再送タイムアウト**という．

宛先ホストが近くにある場合，ACK がすぐに返ってこなければ通信は失敗している可能性が高い．しかし再送タイムアウトが長過ぎると無駄に ACK を待っていることになる．一方，宛先ホストが遠いところにあって通信は正常でも ACK がなかなか返ってこない場合もある．そのとき，再送タイムアウトが短いと送信失敗と判断し何度もデータを再送してしまう．また，混雑で一時的に ACK が遅くなっている場合は混雑が解消されれば ACK は早く返ってくる．さて，どのようにして適正な再送タイムアウトを決めればよいだろうか．

9.3で述べたように，パケットを送信してから返信がくるまでの時間は RTT というのであった．TCP ではデータを送信して ACK を受け取るまでの時間が RTT である．TCP はデータを送信しながら RTT を計測している．TCP は RTT の変動も考慮し，随時，適切な再送タイムアウトを決めている．この様子を図 10.7 に示す．

10.3 パケットロスと再送　　　　　　　　　　　　　　　125

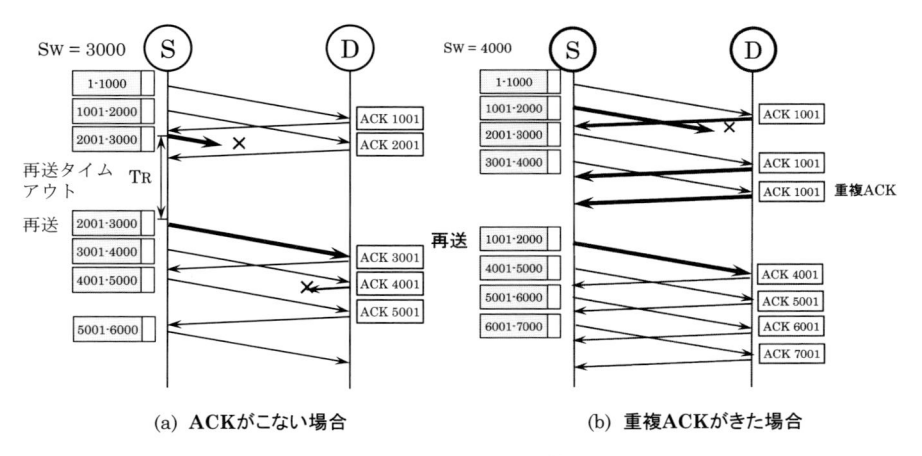

図 10.8　パケットの再送：重複 ACK

10.3.3　ウィンドウ制御とパケットの再送

基本的な再送の手順は 10.3.2 で述べた．しかし，実際は通信を高速化するためウィンドウ通信をしている．このときの再送制御は次のようである．

図 10.8(a) では，サイズ 1000 オクテットのセグメントをウィンドウサイズ 3000 オクテットで送信している．まず 3 つのセグメントを送ったところ最後のセグメントが失われている．このとき送信元は ACK 番号 3001 の ACK を再送タイムアウトまで待ち，3001 がこなかったため，ウィンドウを 2 つスライドさせて次のセグメントグループの送信に移る．次のグループを送ったときは 2 つ目のセグメントに対する ACK が返信の途中で失われている．しかし，次のセグメントに対する ACK 番号 5001 の ACK が届くと，4001 の ACK がなくても 5000 までのセグメントが宛先に届いたということが送信元にわかる．

図 10.8(b) は，セグメントグループの途中のセグメントだけが失われた場合を示している．シーケンス番号 1001 からのセグメントが失われたとき，次のセグメントに対する ACK 番号 2001 ではなく 1001 である．その次のセグメントに対しても ACK 番号 1001 の ACK を返す．これを**重複 ACK** といい，送信元は重複 ACK を 3 回受信すると要求されたセグメントを再送する．1001 のセグメントを受信した宛先ホストは，4000 オクテットまですべて受信したため，ACK 番号 4001 の ACK を返信している．

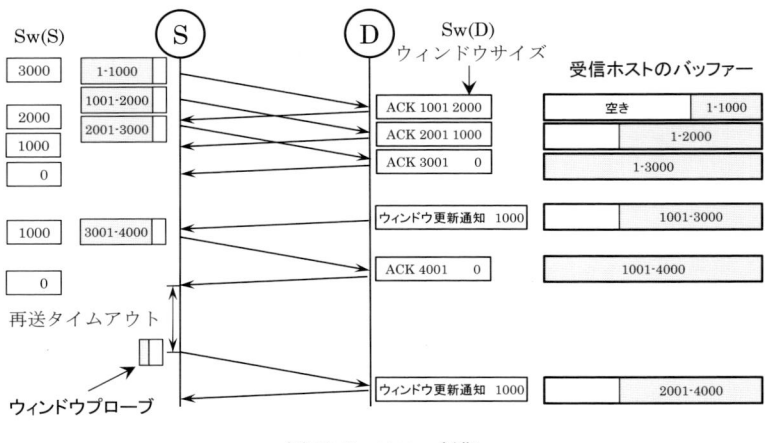

図 10.9 フロー制御

10.4 フロー制御とふくそう制御

10.4.1 フロー制御

　宛先ホストでも，ルーターと同様にバッファーがあり，受信したデータは順次処理される．そこで，データの処理が間に合わずバッファーがいっぱいになってしまうことがある．そこで宛先ホストは，受信可能なウィンドウサイズを送信元ホストに通知し，送信元ホストはそのサイズを超えないように送信する．

　図 10.9 では，宛先ホストが送信に対し ACK にバッファーの空き領域を書き込んで返信すると，送信元ホストはウィンドウサイズを変更して送信している．これによって送信速度を減速し，宛先ホストで受信データが失われることを防いでいる．しかし，図 10.9 ではその後もバッファーの空きが減少していく．ついに 0 になってしまうと，データの送信はストップしてしまう．バッファーが空くと宛先ホストが**ウィンドウ更新通知**を送信元ホストに送り通信が再開されるが，再送タイムアウトを超えてもウィンドウ更新通知が届かない場合は，送信元ホストは**ウィンドウプローブ**と呼ばれるセグメントを送り，宛先ホストにウィンドウサイズを問い合わせる．このようにしてウィンドウサイズが 0 になっても速やかに通信が再開される．これがホスト間通信の**フロー制御**である．

10.4 フロー制御とふくそう制御

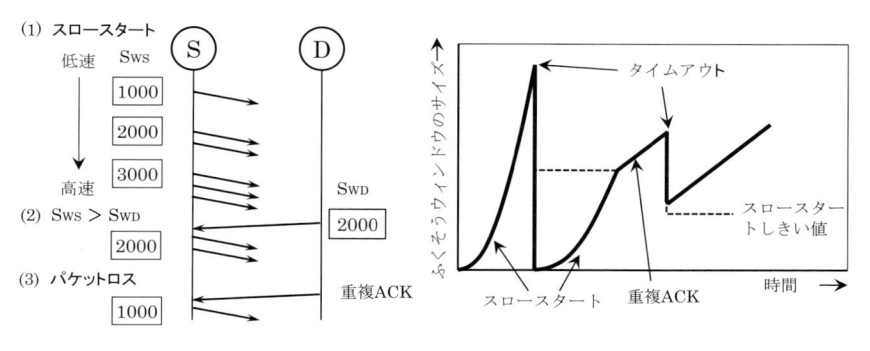

図 10.10 ふくそう制御

10.4.2 ふくそう制御

ふくそう（輻輳）というのは混雑という意味である．朝，混雑した電車に乗るとき，皆が一度に乗ろうとしてもスムーズに乗ることができない．順番を待ってゆっくり一人ずつ乗り込む方がかえって早く乗ることができる．通信でも同じような現象が起きる．通信帯域の小さい通信路に対し高速で送信を始めると，通信路は急に混雑して通信遅延やパケットロスが生じる．ACK が返ってこないと送信元ホストは再送しようとするため，送信データ量が増えますます混雑する．この悪循環のため通信できなくなってしまう．これを防ぐのが**ふくそう制御**である．

図 10.10 にふくそう制御の様子を示す．まず，ウィンドウサイズを最小にして送信を開始する．これを**スロースタート**と呼ぶ．もしスムーズに ACK が返ってくれば，ウィンドウサイズを増やす．このようにして様子を見ながら送信速度を上げていく．

計測している RTT が増大する場合やパケットロスが発生する場合は，状況に応じてウィンドウサイズを縮小する．図 10.10 のグラフはウィンドウサイズの時間変化の例である．このように，TCP ではネットワークの状況に応じて送信速度を変化させながら通信を行っている．

〈10章の課題〉

10.1 次の用語を説明しなさい．
　　(1)　高信頼性通信　　　　　(5)　MSS
　　(2)　パケットロス　　　　　(6)　スライディングウィンドウ
　　(3)　TCP　　　　　　　　　(7)　ふくそう
　　(4)　再送タイムアウト　　　(8)　スロースタート

10.2 WebカメラのLIVE配信では，TCPとUDPのどちらのプロトコルを用いるべきか説明しなさい．

10.3 TCPでのパケットロスの検知とデータの再送の仕組みを説明しなさい．

10.4 TCPで再送タイムアウトが一定でないのはなぜか，また，どのように定めているか説明しなさい．

10.5 TCPのフロー制御を説明しなさい．

10.6 TCPのふくそう制御を説明しなさい．また，フロー制御との連携を説明しなさい．

10.7 計算：
　　(1)　5MバイトのデータをTCP通信で送信する．通信路のすべてのデータリンクの最大通信帯域が1500オクテットであるとき，MSSはいくらになるか．また，送信されるTCPセグメントの個数を求めなさい．ヘッダーオプションはないものとする．
　　(2)　1000オクテットのデータをTCP通信およびUDP通信で送信するとき，IEEE 802.3 Ethernetを流れるフレームのサイズはそれぞれ何オクテットか．データの分割やヘッダーオプションはないものとして求めなさい．
　　(3)　(1)で最初と最後のIPパケットのサイズを求めなさい．

TCP と通信速度　用語解説

　TCP の通信ではウィンドウサイズによって通信速度をコントロールしている．これまで述べたように，TCP はウィンドウサイズのデータをまとめて送信し最後のセグメントに対する ACK を受信してから，次のウィンドウの送信に移る．そこで，最初のセグメントを送信し始めてから ACK が返ってくるまでの時間を RTT とすると，再送が発生しなかった場合

$$瞬間のスループット＝ウィンドウサイズ \times 8/RTT$$

となる．単位は，瞬間のスループット（bps），ウィンドウサイズ（octet），RTT（second）である．ウィンドウサイズが大きければスループットは増加するが，ACKの受信を待つ分送信速度は低くなる．また，ふくそう制御やフロー制御によってウィンドウサイズは常に変動する．それに対して，このような制御をまったくしない UDP は常に送信元ホストの性能を最大限使用して送信する．

その他のトランスポート層のプロトコル　用語解説

　本書ではトランスポート層のプロトコルとして UDP と TCP を紹介したが，インターネットの発展に伴ってこの 2 つの通信制御プロトコルでは対応できなくなってきている．たとえば，インターネット全体ではふくそうへの対処が大きな課題となっているが，UDP はそのような仕組みがないため，UDP 通信が増加するとふくそうを起きやすくなる．そこで提案されている **DCCP**（Datagram Congestion Control Protocol）は，再送は行わないが，TCP のようにコネクションをはり，ACK によって通信路の状態を確認，ふくそう制御を行うプロトコルである．その他，UDP のチェックサムの計算範囲を指定することができるようにした **UDP-Lite**（Lightweight User Datagram Protocol）や，TCP をベースに小さなデータの送信を 1 つのコネクションでまとめて送信できるようにした **SCTP**（Stream Control Transmission Protocol）などがある．

11 ルーティング

章の要約

9章で，IPパケットの配送に当たり各ノードが経路制御表を参照して通信路を選択することを述べた．本章ではこの経路制御表を自動的に生成する3つのプロトコル，RIP，OSPF，BGPについて述べる．

11.1 ルーティングの概要

インターネットの各ノードは経路制御表をもっており，IPパケットを配送するときは経路制御表を参照して次のネクストホップを選択する．したがってIPパケットが通る道筋すなわち**通信経路**は経路制御表によって決定される．**ルーティング**（routing，経路制御）とは通信経路を決定することで，実際には経路制御表を生成することである．

経路制御表の生成方法には2通りある．1つは**静的ルーティング**と呼ばれ，ルーターの管理者がコマンドなどで設定する方法である．しかし，インターネットは巨大なネットワークであるため，機器の調整や入替えのためどこかで通信ができなくなっている可能性が常にある．管理者はそれを完全に把握することはできない上，わかったとしても手動で設定することは現実的ではない．もう1つの方法は**動的ルーティング**と呼ばれ，OSが経路制御表を自動的に生成し更新する方法である．動的ルーティングを用いると刻々と変化するネットワークの状況変化にすぐ対応することができる．この動的ルーティングの方法を定めるプロトコルが**経路制御プロトコル**である．

11.1 ルーティングの概要

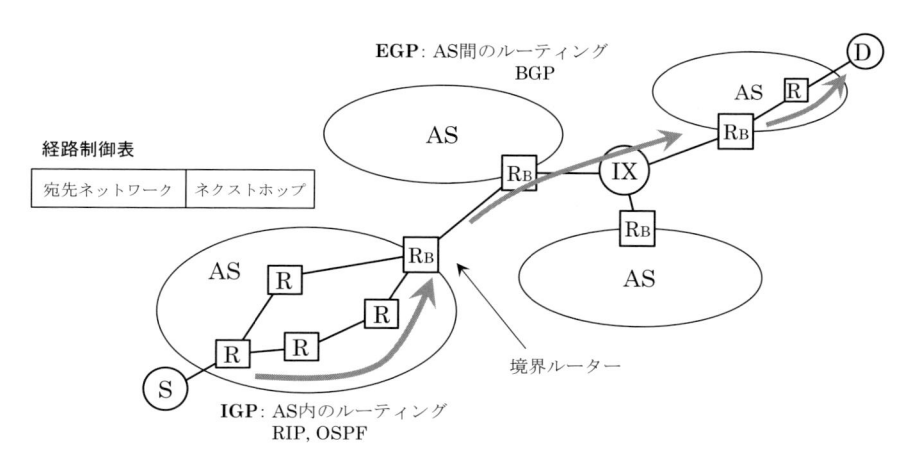

図11.1 ルーティングの概要

2.3.3で，インターネットはASと呼ばれるネットワークが連結してできていることを述べた．図11.1は，いくつかのASを経由しながらIPパケットが配送されていく様子を示している．インターネットに接続しているホストはどこかのASに属しており，IPパケットはSが属すAS内を通って境界ルーターR_Bから外部へ出ていく．外部に出たIPパケットは，ASの境界ルーターが構成するネットワークを通って宛先ホストDが属すASに入り，AS内部を通ってDに到達する．この様子は，車で旅行するとき一般道と高速道路を使い分けるのに似ている．

ルーティングプロトコルは，表11.1に示すように2つの種類に分けられる．AS内部のプロトコルは**IGP**(Interior Gateway Protocol)と呼ばれ代表的なものにRIPとOSPFがある．一方，AS間は**EGP**(Exterior Gateway Protocol)と呼ばれBGPが用いられている．

表11.1 主な経路制御プロトコル

分類	IGP		EGP
プロトコル名	RIP	OSPF	BGP
経路制御DB	距離ベクトルDB	リンクステートDB	ASパスリスト
経路アルゴリズム	ベルマン-フォード法	ダイクストラ法	運用ポリシー+ AS数最小
通信経路	ホップ数最小	コスト最小	

(1) **D**から計算を進める

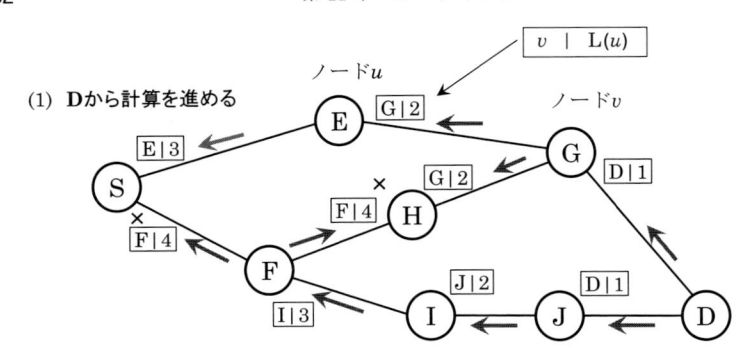

図中ラベル: ノードu, v | $L(u)$, ノードv
E|2, E|3, G|2, D|1, G|2, F|4, F|4, I|3, J|2, D|1

(2) Sから、Lが小さい方へノードをたどる　E|3 → G|2 → D|1　S-E-G-D

SからDの最短経路は S-E-G-D

図11.2 最短経路を求める計算例（ベルマン–フォード法）

11.2　AS内のルーティング：RIP

　通信経路は送信元ノードから宛先ノードまでのノードのリストとして表される．通信経路の長さは**ホップ数**で表され，こちらはリストのノード数 − 1 すなわち通過するサブネットの数である．**RIP** (Routing Information Protocol, リップ) はホップ数が最小になるように経路を制御するプロトコルである．RIP はベルマン–フォード法という最適経路解法に基づく最短経路探索法でルーティングを行っている．RIP で用いている方法は次のようなものである．

　S は出発ノード，D は到着ノード，u, v をノードとする．2つのノードを結ぶ線を辺といい，辺で結ばれたノードを隣接ノードという．隣接ノード間の距離は 1 である．また，$L(u)$ をノード u から D までの経路長（ホップ数）とし，初期値を $L(D) = 0$，$L(D 以外) = \infty$，$u = D$ とする．

(1)　ノード u の各隣接ノード v に対して，

(1-1)　$L(v) > L(u) + 1$ ならば，$L(v) := L(u) + 1$ と更新する．
　　　 v に $L(v)$ と u をペアで記録する．

(1-2)　$u = v$ として (1) から繰り返す．

(2)　すべてのノードと辺に対して処理が済んだら終了．$L(S)$ が最短経路長で，記録されたノードをたどっていくと経路が求められる．

RIP2（RFC 2543）

11.2 AS内のルーティング：RIP

RIPパケット | 宛先ネット | ネクストホップ | ホップ数 |

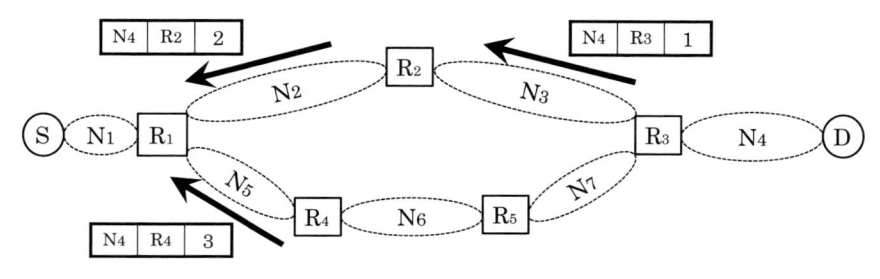

図11.3 RIPパケットの交換

　図11.2に最短経路を求める例を示す．Dが接続しているノードはGとJであるので，この2つのノードにはDと1が記録される．Gの隣接ノードはD, E, Hであるが，DはL(D) < L(G) + 1であるから，EとHに2とGが記録される．HはFにも接続しているが，Fからは距離が4であるから，小さい方のGと2は変更しない．このようにして，Sまで到達する．L(S)の最小値は3であるから，最短距離は3である．距離が小さい方のノードをピックアップしていくとS-E-G-Dとなる．これが最短経路となる．

　RIPではこの計算をネットワーク全体で行う．宛先Dになるホストは複数あるため，各ノードは隣接ノード間でDごとに隣接ノードから$L(u)$の情報を受信し，$L(v)$と隣接ノードを記録し，隣接ノードへ送信する．このような情報を交換するため，ルーターはRIPパケットという制御パケットを常にUDPで送受信している．この様子を図11.3に示す．RIPパケットの内容は，宛先ホストDのネットワークIPアドレス，宛先ホストまでのホップ数$L(v)$，ルーターvのIPアドレスである．これは，私vに送ってくれればDまで$L(v)$で届けます，というメッセージである．RIPパケットを受信したノードはネクストホップを自分のアドレスに書き換え，$L(v)$に1を加えて他の隣接ノードに送信する．

　各ルーターは，IPパケットが到着したとき，宛先ホストと一致する記録の中で$L(v)$が最小となるRIPの発信ノードをネクストホップとして送信する．その結果，IPパケットは最小ホップ数の経路で宛先ホストに届けられる．こ

RIPパケット | 宛先ネット | ネクストホップ | ホップ数 |

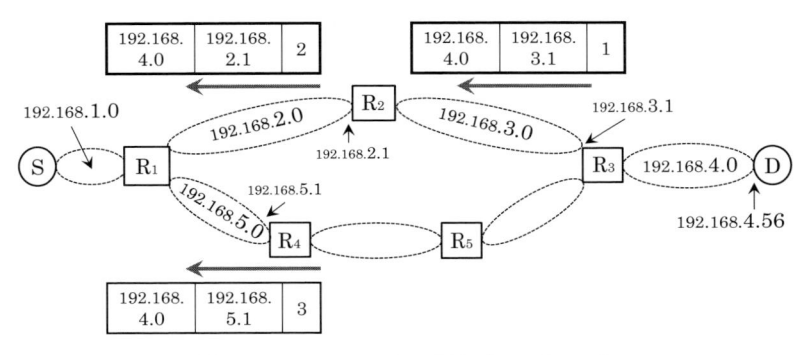

図 11.4 RIP パケットの交換（IP アドレス）

のように RIP では分散的な方法によって最短経路を通る通信を実現している．

実際の通信では，名前ではなく IP アドレスが用いられる．そこで図 11.3 を IP アドレスで書き直したものを図 11.4 に示す．RIP パケットの宛先ネットワークにはネットーク IP アドレスが書き込まれる．また，ネクストホップは，隣接ルーターの NIC に設定された IP アドレスである．各ルーターはこのような RIP パケットを 30 秒に 1 回隣接ルーターにブロードキャストしている．

隣接ルーターから受け取った RIP パケットの情報は，図 11.5 の左下に示す**距離ベクトル DB** に記録する．ベクトル，と呼ばれるのは，ネクストホップが宛先ネットワークへの方向を示しているからである．距離ベクトル DB には，同じ宛先ネットワークでも複数の情報が集まる．図 11.4, 11.5 のネットワークで，R_1 は，N_4 を宛先とする RIP パケットを R_2 および R_4 から受け取る．そこで距離ベクトル DB は N_4 を宛先とするエントリー（DB のレコード）を 2 つもつ．このうち，距離が小さい方のエントリー から宛先ネットワークとネクストホップを取り出して，経路制御表に記録する．RIP ではこのようにして経路制御表を自動生成している．

11.2 AS 内のルーティング：RIP

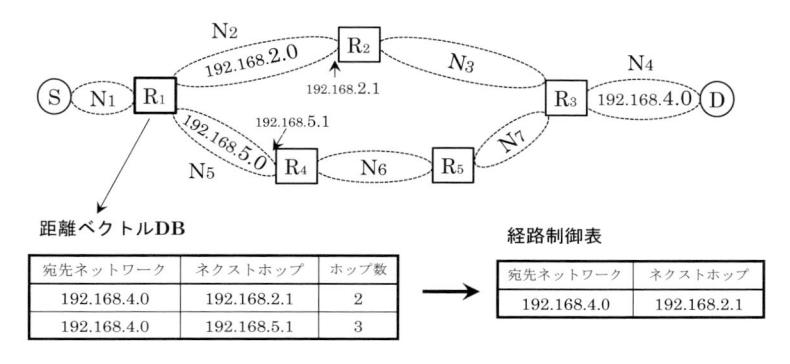

図 11.5 距離ベクトル DB と経路制御表

宛先ネットワーク	ネクストホップ	ホップ数
192.168.4.0	192.168.2.1	2
192.168.4.0	192.168.5.1	3

距離ベクトルDB

宛先ネットワーク	ネクストホップ
192.168.4.0	192.168.2.1

経路制御表

　それではネットワークの変化に対してはどのように対応するのだろうか．ルーターは，30 秒に 1 回くるはずの RIP パケットが 180 秒待ってもこなかった場合，ネットワークは切断されたと判断して DB や経路制御表から経路情報を抹消する．しかし，周辺のルーターには過去の経路情報が残っているため，古い経路情報が隣接ルーターから送信されてくる．このときルーターが古い情報に距離を 1 増やして隣接ルーターに送信すると隣接ルーターはまたそれに距離を 1 増やして送り返してくる．このような**無限カウント**と呼ばれる現象が起きる．

　これを防ぐため，RIP パケットを受け取ったルーターには同じ宛先の RIP パケットを流さない．また，ホップ数の最大値を定め，ネットワークが切断されたときは最大ホップ数の RIP パケットをすぐブロードキャストして，切断したという情報をなるべく早く周囲のルーターに伝える．

　このような動的ルーティングプロトコルの仕組みにより，経路制御表はインターネットの変化に伴って変化し続けている．そのため，タイミングによってはプロトコルが目指す最適経路ではないこともある．また，インターネットは拡大し続けているため，経路制御表も増大し続けている．経路制御表が大きくなると経路選択の処理の手間がかかり，ルーターの負荷が増大する．これは，IP アドレスの枯渇とともにインターネット通信の大きな課題である．

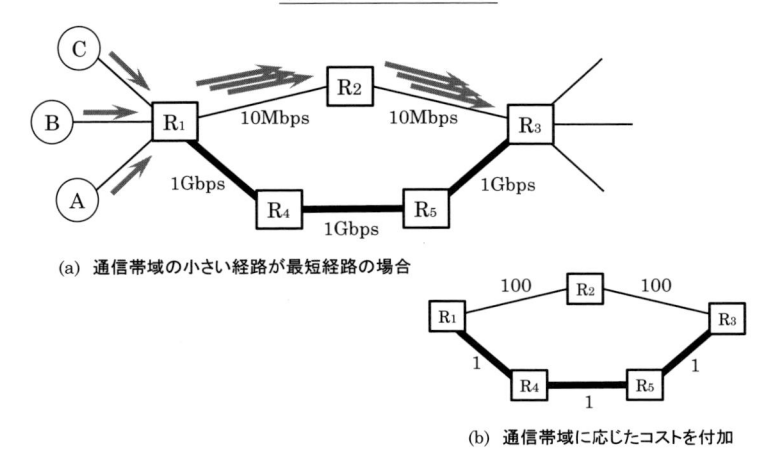

(a) 通信帯域の小さい経路が最短経路の場合

(b) 通信帯域に応じたコストを付加

図 11.6　通信帯域と通信経路

11.3　AS 内のルーティング：OSPF

図 11.5 では，S-R_1-R_2-R_3-D と S-R_1-R_4-R_5-R_3-D の 2 つの経路が考えられる．1 回のデータ配送でかかる各ルーターの処理量は同じであるから，ホップ数が小さい S-R_1-R_2-R_3-D の経路の方が，処理量の総和は小さい．また，ルーターの性能が同じ場合はホップ数が小さい方が IP パケットの送信の遅延も小さくなるため，S-R_1-R_2-R_3-D が送信側にとってもよい経路である．

しかし，図 11.6 (a) に示すようなケースを考えてみよう．図中の数字はデータリンクの最大通信帯域である．性能の違うルーターがデータリンクを構成した場合，低い方の性能でしか通信できないため，R_1 や R_3 が高性能なルーターであっても R_2 が性能の低いルーターであるとこのような状態になる．このネットワークではノード A, B, C が送信したパケットはすべて R_1-R_2-R_3 を通るため，性能の低い R_2 に通信が集中し混雑しやすい．それに対して，R_1-R_4-R_5-R_3 を通る経路は，通信帯域が大きいので通信が集中しても混雑は起きにくい．したがって，混雑を回避するためにはデータリンクの最大通信帯域を考慮した最適経路の方が望ましい．そこで OSPF (Open Shortest Path First) は図 11.6 (b) のようにデータリンクの最大通信帯域に関連するコストを設定し，最小コスト経路で通信するようなルーティングを行う．

OSPF2（RFC 2328）

11.3 AS内のルーティング：OSPF

```
C(N)   SからNへのコストの和
C(S) = 0, C(S以外) = ∞
```

u v :	$C(v)$	経 路
S E : C(S) + 5 = 5 < ∞	→ C(E) = 5,	S-E
S F : C(S) + 3 = 3 < ∞	→ C(F) = 3,	S-F
F H : C(F) + 2 = 5 < ∞	→ C(H) = 5,	S-F-H
F I : C(F) + 1 = 4 < ∞	→ C(I) = 4,	S-F-I
I J : C(I) + 2 = 6 < ∞	→ C(J) = 6,	S-F-I-J
E G : C(E) + 4 = 9 < ∞	→ C(G) = 9,	S-E-G
H G : C(H) + 1 = 6 < 9	→ C(G) = 6,	S-F-H-G
G D : C(G) + 2 = 8 < ∞	→ C(D) = 8,	S-F-H-G-D
J D : C(J) + 3 = 9 > 8		
D 終了		

SからDの最小コスト経路は　S-F-H-G-D

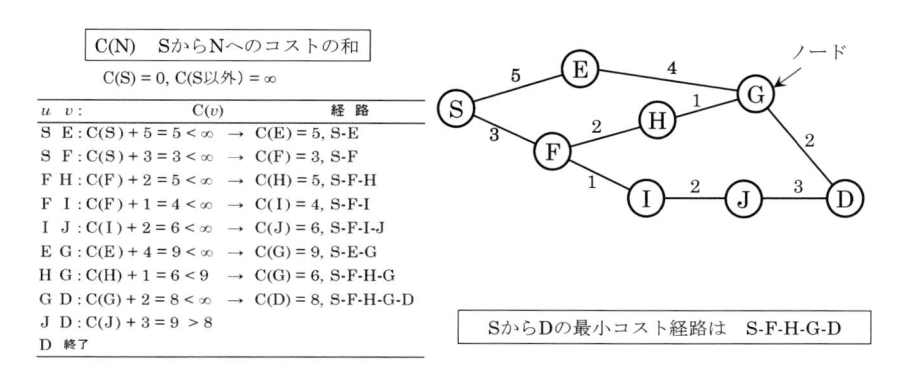

図 11.7　最小コスト経路を求める計算例（ダイクストラ法）

　ダイクストラ法は，広く知られた**最小コスト経路**を求めるアルゴリズムである．最小コスト経路とは，ノード間の接続にそれぞれコストが与えられているとき，通信経路のコストの合計が最小になる経路である．コストがすべて等しければ最短経路となる．ダイクストラ法では次のように計算を進める．

　S：出発ノード，D：到着ノード

　u, v：ノード

　$C(u)$：Sからuまでの総コスト，初期値は∞

　$c(u, v) > 0$：隣接している2ノードu, v間のコスト

　F：探索済みのノードリスト，U：未探索のノードリスト

(1)　C(S) = 0, C(S以外) = ∞，F = {S}，U = {S以外のノード}
　　Sの隣接ノードuに対してC(u) = c(S, u)とする．

(2)　Uから min {C(u)}であるuを選択する．u = D なら終了．

(3)　Uの中で，uの隣接ノードvに対して
　　C(v) > C(u) + c(u, v)ならば，C(v) := C(u) + c(u, v)と更新する

(4)　uをFに移動し，(2)から繰り返す．Uが空になったら終了する．

　(2)で，ノードuを記録していけば，最小コスト経路が求められる．計算例を図11.7に示す．

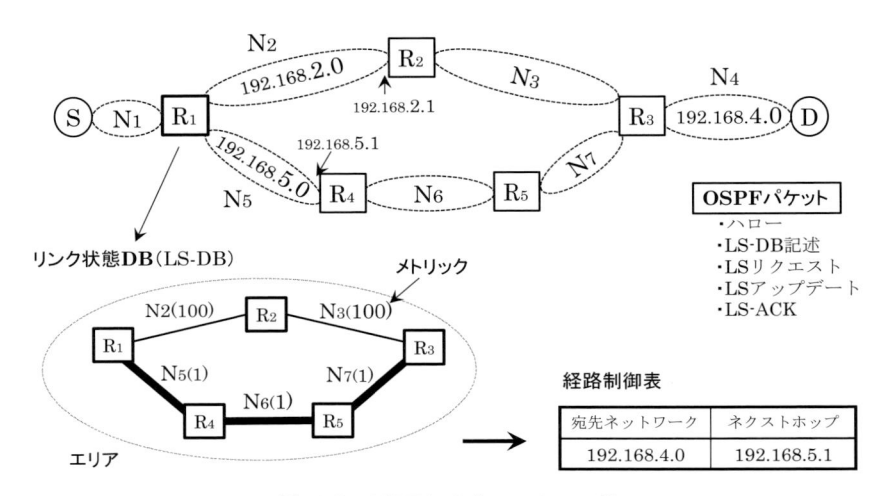

図 11.8　OSPF によるルーティング

　OSPF では，隣接ルーター間に**メトリック**と呼ばれるコストを付与する．メトリックは最大通信帯域が大きいほど小さい値が設定される．たとえば，最大通信帯域を W(Mbps) として $1000/W$ とすれば，図 11.6 のようなメトリックとなる．サブネットが複数のデータリンクで構成され，性能の異なるデータ転送装置が含まれる場合もある．メトリックはサブネットの送信側機器のネットワークインターフェースに設定する数値であり，運用は管理者に任せられる．

　OSPF の制御パケットは 5 種類ある．ハローパケットは隣接ノードの有無を確認するためのパケットで，その他はリンク状態 DB (Link-state database, LS-DB) を構築するためのパケットである．OSPF は RIP と異なり UDP を用いず IP 通信で隣接ノードと制御パケットを交換する．それによりネットワークのルーターの接続関係とメトリックを収集し，リンク状態 DB に格納する．

　図 11.8 の左下に示したのはリンク状態 DB のイメージ図である．各ルーターはネットワークの接続関係を完全に把握しており，それぞれがダイクストラ法を用いてネクストホップを求める．その結果，R_1 の経路制御表の D 宛のエントリーは図 11.5 と異なり R_4 への送信を指示するようになる．

11.3 AS 内のルーティング：OSPF

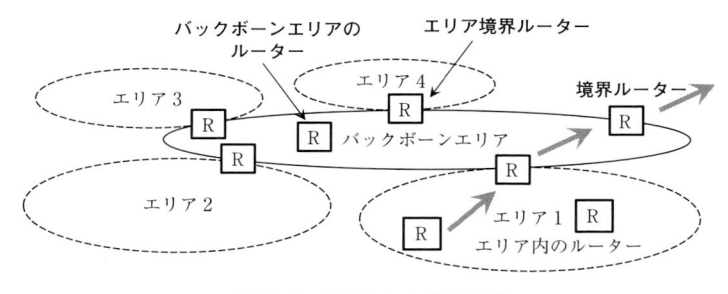

図 11.9 OSPF とエリア分割

　OSPF で数種類のパケットを用いる理由は，情報交換の目的によってパケットの交換頻度やサイズが異なるためである．隣接ノードの接続，切断の判断は早い方がよいため，ハローパケットは 10 秒に 1 回交換され，40 秒待ってもハローパケットがこない場合は接続が切断されたと判断する．接続が切断したり，切断した接続が回復した場合には，リンク状態更新パケットを送信して直ちに状態の変化を伝えられる．このようにして，OSPF はネットワークの変化に対応している．

　しかし，各ルータの計算負荷が問題である．ダイクストラ法はネットワークの構造にもよるが，ノード数 n に対し $O(n \log n)$ で計算量が増大する．そこで OSPF ではネットワークをエリアに分割し，エリアごとにルーティングすることによって各ルーターの計算量を減らしている．エリアの簡単な構成例を図 11.9 に示す．OSPF のエリア構成は階層的であり，この図では 1 つのバックボーンエリアに残りのエリアが接続する構成をとっている．各エリア内のルーターのリンク状態 DB にはそのエリア内のトポロジー情報だけが含まれており，ルーティングはエリア内に限定される．エリア境界ルーターはトポロジー情報を伝えずメトリックの情報だけを伝えるため，バックボーンエリアでも，ルーティングはエリア境界ルーターとエリア内部のルーターに限定される．このようにして OSPF では，大きなネットワークのルーティングを行っている．RIP で計算量が問題にならないのは，各ノードが計算するのではなく，ネットワーク全体で問題を分散的に解いているからである．

11.4 AS間のルーティング：BGP

11.4.1 AS間の通信とAS番号

AS間の通信の可否は契約によって定められる．2つのASが互いに通信できるように契約を結ぶことを**ピアリング**という．また，通信データを中継することを**トランジット**といい，トランジットを許可するかどうかも契約による．各ASは必要な接続ができるように互いに契約を結んでいる．このようにAS間の接続にはASの考え方（ポリシー）に基づいているため，これを反映するようなルーティングを行う必要がある．このことを**ポリシールーティング**と呼んでいる．

各ASには**AS番号**（Autonomous System Number）が割り当てられておりAS間のルーティングはAS番号で行われる．AS番号はインターネットパラメータの1つでIPアドレスと同様にIANAが管理し，各ASに配布している．AS番号の配布先一覧がJPNICで公開されている．

日本のAS番号は2オクテットのバイナリ列で，十進法では0〜65535である．しかし，インターネットが拡大するにつれ，AS数が急速に増加している．そこで，4オクテットのAS番号も配布されるようになった．こちらは2オクテットずつドットで区切った十進法で表される．

$$\boxed{1234.5678}$$

2オクテットのAS番号は，4オクテットAS番号では，上位2オクテットは0として扱われ，2オクテットAS番号が1234であれば下記のように表す．

$$\boxed{0.1234}$$

BGP4（RFC 4271）

11.4 AS間のルーティング：BGP

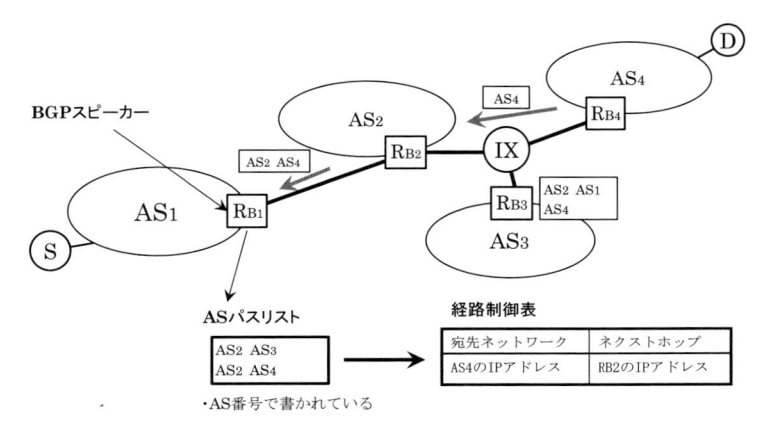

図 11.10 BGPによるルーティング

11.4.2 BGP

BGP（Border Gateway Protocol）は現在用いられているAS間の経路制御プロトコルである．図11.10で，SがS送信したIPパケットがASの境界ルーターを出ると，ASの境界ルーターで構成されるネットワークに入る．このネットワークのルーティングがAS間のルーティングである．各ASの境界ルーターにはBGPプロトコルが実装されており，**BGPスピーカー**と呼ばれている．

BGPの制御パケットはASのルートを隣接ルーターに送信する．図11.10では，R_{B2}がR_{B4}から情報を受け取り，"AS_2 AS_4"のようなAS番号のリストを作ってR_{B1}に送信する．このリストは通信路を表すもので，各ルーターはこの情報を**ASパスリスト**に格納する．このとき，AS_1とAS_2がピアリングしていなければR_{B2}はR_{B1}に経路情報を送らないため，経路情報が経路制御表に反映されずSからDへ通信することはできない．

R_{B1}はASパスリストからDへ向かうASがAS_2であることを知る．同じ宛先のエントリーがあった場合は，AS数の少ないルートのエントリーを選び，先頭のASの境界ルーターをネクストホップとして経路制御表に追加する．

実際は境界ルーターを複数もっているASも多く，通信経路は大変複雑なものである．

〈11 章の課題〉

11.1 次の用語を説明しなさい．
    (1) ルーティング   (5) メトリック
    (2) ホップ数   (6) BGP
    (3) RIP   (7) AS 番号
    (4) OSPF   (8) ポリシールーティング

11.2 経路制御プロトコルとは何か，説明しなさい．

11.3 RIP では特定のデータリンクへの通信の集中が問題になるのに対し，OSPF では問題になりにくい理由を述べなさい．

11.4 図 11.2 で送信元ノードを I，宛先ノードを E として，最短経路とホップ数を求めなさい．

11.5 図 11.7 で送信元ノードを I，宛先ノードを E として，最小コスト経路とホップ数を求めなさい．

11.6 サイト訪問：
JPNIC では統計のページでアジア太平洋地域に割り当てられた IP アドレスや AS 番号の配分状況を公開している．日本に割り当てられている AS 数を調べなさい．

11.7 調査：
コマンド netstat を用いて経路制御表の内容や通信状況をみることができる．下記のコマンドで，使用している PC のデフォルトゲートウェイの IP アドレスを調べなさい．
UNIX/Mac/WIN: netstat -r

11.8 研究課題：
最短経路探索問題について WWW や書籍で調べなさい．

MANET のルーティング：AODV　用語解説

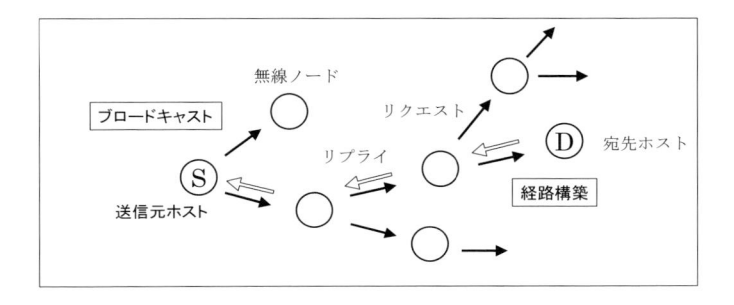

```
    無線ノード
ブロードキャスト       リクエスト
                            D   宛先ホスト
   S     リプライ
                        経路構築
  送信元ホスト
```

　無線ノードで構成されるアドホックネットワークは，ノードは一見ばらばらであるが，通信可能なノードどうしは互いに接続している．無線ネットワークでは，このような接続関係をもつノードの構造をネットワークトポロジーと呼んでいる．MANETではノードが移動するため，互いの電波範囲をはずれて接続が切れることや逆に電波範囲に入って接続することがあり，ネットワークトポロジーが時間とともに変化する．したがって，MANETでは経路制御表が無効になりやすい．そこで送信元ホストが主体となって，データ通信をするときに経路制御表を構築するタイプのルーティングプロトコルが提案されている．その代表的なものがAODV（Adhoc On-Demand Distance Vector）である．

　AODVの経路構築の様子を図に示す．AODVではリクエストとリプライの制御パケットを用いて経路構築をしている．まず，矢印で示すように，送信元ホストからリクエストのブロードキャストを無線ホストに伝播させていく．リクエストが宛先ノードに到達すると，宛先ノードはリクエストを送ってきた隣接ノードにリプライパケットを返信する．リプライを受け取ったノードは経路制御表を更新し，さらに自分にリクエストを送ってきたノードにリプライする．図ではこの様子を白の矢印で示している．このようにしてリプライが送信元に到達したとき，通信経路が確立される．ブロードキャストするパケットがネットワークに蔓延しないように，制御パケット内のTTLは予め短く設定されており不要なパケットは速やかに廃棄される．

　MANETではAODV以外にもさまざまな経路制御プロトコルが提案されている．AODVのように通信時にルーティングを行うプロトコルは**リアクティブ型**，定期的にルーティングするプロトコルは**プロアクティブ型**と呼ばれている．

12 DNSとプライベートLAN

章の要約

第Ⅲ部ホスト間通信の最後の章として，ホストの名前の仕組みDNSと，広く使用されているプライベートLANの仕組みについて説明する．

12.1 ホスト間通信を支えるアプリケーションプロトコル

基本的なホスト間通信はOSI第3層，第4層のプロトコルで規定されている．しかし実際には，OSI第5層以上，TCP/IP階層モデルのアプリケーション層に位置付けられるプロトコルが，ホスト間通信をさまざまな角度から補佐している．

たとえば，電子メールを送信するとき，私たちはIPアドレスではなくアルファベットの名前を使用する．しかしホスト間通信の宛先はIPアドレスであるため，名前をIPアドレスに変換しなければならない．これを変換するプロトコルをDNSというが，アプリケーション層のプロトコルである．また，プライベートLANを構築するときにDHCPというプロトコルが用いられるが，これもアプリケーション層のプロトコルである．

その他，時刻を合わせるNTP，設定パラメータを自動配布するDHCP，ルーターの稼働状況を調べるSNMPなど，アプリケーション層に属すプロトコルは少なくない．ルーティングプロトコルRIPも含まれる．これらのプロトコルはIP配送で情報交換をしているため，制御パケットにはIPおよびUDPヘッダーが付いている．

DNS（RFC 1034/1035）

ホスト　名前.ドメイン名
　　sun.abc-u.ac.jp
　　earth.abc-u.ac.jp

ファイル　ホスト名：ファイル名
　　earth.abc-u.ac.jp:/forest/bird

Webページ
　　www.abc-u.ac.jp://sea/fish.html

ユーザー　ユーザー名@ホスト名
　　rabit@sun.abc-u.ac.jp

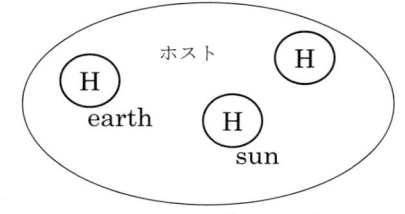

電子メールアドレス　ユーザー名@ドメイン名
　　rabit@abc-u.ac.jp

図 12.1　いろいろな名前

12.2　DNS

12.2.1　ホストの名前

　サーバーコンピュータにアクセスするときには，サーバーを指定するための名前が必要である．IP 配送ではホストを識別するとき IP アドレスを用いるため，IP アドレスと関連付けできるような名前でなければならないが，人間にとってはサービスの内容や提供サイトの名称の方がわかりやすい．

　しかし，個々のホストに好きな名前を付けると，同じ名前のホストが存在する可能性がある．そこで，図 12.1 に示すように**ドメイン**と呼ばれる階層的なホストのグループが設置されている．ドメイン名は唯一になるように構成されるため，ホストの名前にドメイン名を組み合わせるとインターネットで唯一のホスト名(**完全修飾ドメイン名**，**FQDN**)になる．サーバーはすべてどこかのドメインに登録されており，FQDN をもっている．ホストの中のファイルを表すにはホスト名とファイル名を組み合わせる．ユーザーを表すにはユーザ名とホスト名を組み合わせる．Web ページや電子メールアドレスも同様に命名されている．

　なお，クライアントコンピュータも登録することはできるが，クライアントに外部からアクセスすることはないので登録されていないことが多い．

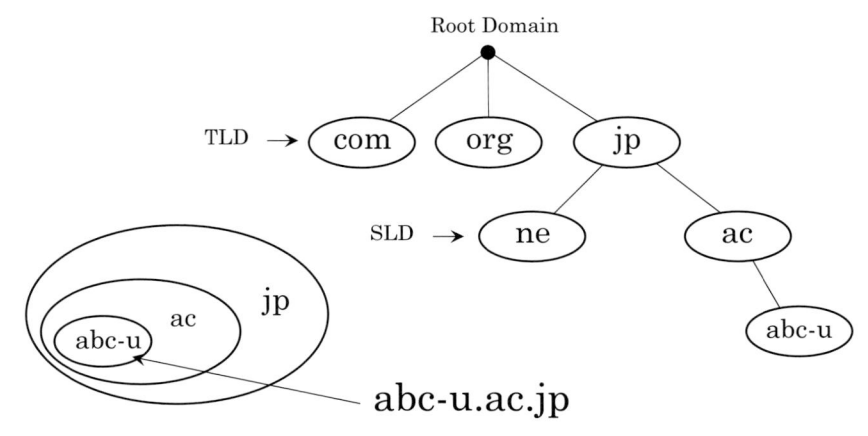

図 12.2　ドメインとドメイン名

12.2.2　ドメインとドメイン名

図 12.2 はドメインの例である．abc 大学には abc-u というドメインが割り当てられており，abc 大学のコンピュータはすべてこのドメインに属している．abc-u ドメインは ac ドメインに含まれ，ac は jp ドメインに含まれている．このようにドメインは入れ子の構造になっており，abc 大学の**ドメイン名**はこれらをドットでつなぎ合わせた abc-u.ac.jp である．

ドメインの構造は逆さのツリー（木）で表すことができる．一番上，木の根に当たるのは**ルートドメイン**と呼ばれ，インターネット全体を表す仮想的なドメインである．実体のあるドメインはルートドメインの下から始まり，入れ子に入るたびに階層が深くなっていく．特に一番上の階層は **TLD**（Top Level Domain），その下は **SLD**（Second Level Domain）と呼ばれている．下位のドメインは**サブドメイン**と呼ばれる．

ドメイン名はインターネットパラメータの 1 つで，TLD は IANA が管理し，jp の SLD は JPNIC が管理している．ドメインの管理者はサブドメインを設置することができ，各ドメインはホストとサブドメインを管理している．

なお，ドメイン名の配布は現在，**レジストラ**に委託されている．専門の会社もあるが一般企業でレジストラとして配布を行っているところも少なくない．

現在用いられている TLD および日本の SLD の例が表 12.1 にまとめられている．TLD は 3 種類あり，1 つは汎用 TLD (generic TLD, gTLD) と呼ばれるもので com や org など世界中で使われている．基本的に com は会社，net はネットワーク関係，org は非営利組織という意味であるが厳密には対応づけられていない．国別 TLD (country code TLD, ccTLD) は各国のドメインを表している．jp は日本，uk はイギリス，fr はフランス，de はドイツ，cn は中国などである．しかし，USA を表す ccTLD はない．アメリカ国内に限定されたドメインは gTLD の中にあり，たとえば，edu はアメリカの教育機関，gov もアメリカ政府である．この事情はインターネットがアメリカ生まれであったことに起因する．また，arpa は 12.2.3 で述べる DNS 名前解決システムで用いられる特殊なドメインである．

日本のドメイン jp の下の SLD は主に 2 つに分類できる．1 つはサイトの性格で分類されたドメインで**属性ドメイン**と呼ばれている．属性ドメインでは，ac は大学や研究所，co は会社，ne はネットワーク関連組織，or は非営利組織，go は政府，ed は小中高校などの教育機関，lg は地方自治体を表す．もう 1 つは**地域ドメイン**で，tokyo や osaka のような各都道府県を表すドメインがある．しかし，この 2 つの分類では階層が深くなりすぎるため，**汎用ドメイン**といって jp 直下にサブドメインを申請できる仕組みがある．また，日本語のサブドメイン名も認められている．ドメインを希望する組織はどれか 1 つのドメイン名を登録できる．

表 12.1　TLD と SLD

TLD			IANA が管理
	gTLD	com net org int edu gov mil	登録オープン 米国国内
	ccTLD	jp uk de fr ru cn tv	各国ドメイン
	特殊な TLD	arpa	逆引き DNS で使用される
jp の SLD			JPNIC が管理
	属性 SLD	ac or co ne go ed lg	組織の分野
	地域 SLD	tokyo osaka nagoya	地域　各都道府県

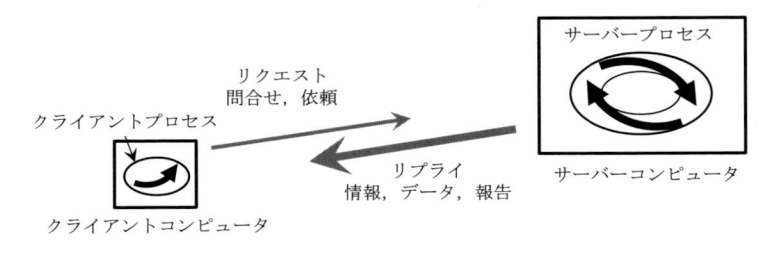

図 12.3　ネットワークアプリケーションの構成
（クライアント・サーバーモデル）

12.2.3　名前解決システム：DNS

　ドメイン名を IP アドレスに変換することを**名前解決**といい，名前解決を行うシステムが **DNS**（Domain Name System）である．DNS は**クライアント・サーバーモデル**に基づくネットワークアプリケーションとして実装されている．

　ここでは，まずクライアント・サーバーモデルについて述べる．クライアント・サーバーモデルのアプリケーションはサーバープログラムとクライアントプログラムの 2 種類のプログラムで構成されており，それぞれがインストールされたコンピュータをサーバーコンピュータ，クライアントコンピュータという．図 12.3 に示すように，クライアントがサーバーに対して問合せや依頼を行うと，サーバーはリクエストに従って処理を実行し，情報やデータをクライアントに返信する．

　DNS サーバー（ネームサーバー）は，ドメインを管理するサーバーで BIND（Berkeley Internet Name Domain）というソフトウェアが用いられている．また，ゾーンファイルと呼ばれるデータベースをもっている．ネーム DB の A レコードには，管理しているホスト名と IP アドレスの対応が記述されており，DNS クライアントが DNS サーバーにホスト名を問い合わせると IP アドレスを応答する．ゾーンファイルには，また，サブドメインとそれを管理している DNS サーバーの対応が記述されており，DNS サーバーはサブドメインの問合せに対しサブドメインの DNS サーバーの IP アドレスを応答する．このような DNS サーバーがドメインごとに設置されている．特に，TLD を管理しているサーバーは**ルートネームサーバー**と呼ばれ，世界に 13 台設置されている．

　DNS サーバーにはもう 1 つの役割がある．送信元ホストが宛先ホストに

12.2 DNS

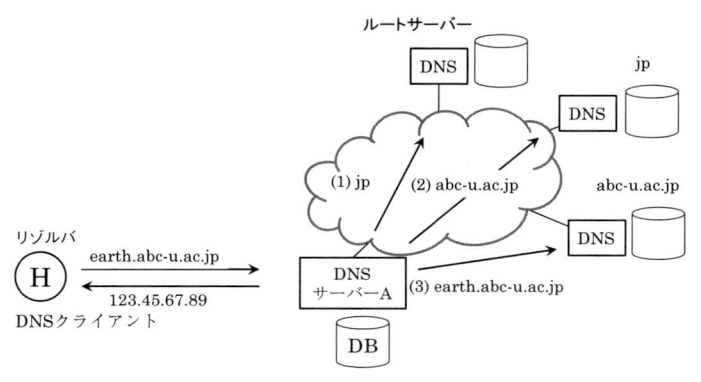

図 12.4 DNS：名前解決システム

データを送信するときは，まず，宛先ホストの名前から IP アドレスを取得しなければならない．そこで，DNS サーバーは担当するネットワークのクライアントコンピュータに代わって，ホスト名の名前解決をする．このとき，クライアントで問い合わせをするプログラムを**リゾルバ**と呼ばれる．

リゾルバは，所属するネットワークの DNS サーバーに宛先ホストの FQDN を渡し，IP アドレスを調べてくれるように依頼する．依頼された DNS サーバーは FQDN のドメインを右端から探索していく．図 12.4 では，DNS サーバー A が earth.abc-u.ac.jp の名前解決をしている．DNS サーバー A は，TLD をルートサーバーに問い合わせる．jp は日本の ccTLD であるから，JPNIC の DNS サーバーの IP アドレスが取得できる．次に DNS サーバー A は ac ドメインの情報を JPNIC の DNS サーバーに問い合わせる．このようにしてドメインを探索していき，abc-u の DNS サーバーに earth というホストの IP アドレスを問い合わせると earth.abc-u.ac.jp の IP アドレスが得られる．そこで DNS サーバー A はリゾルバに宛先ホストの IP アドレスを返信する．このようにして送信元ホストは宛先ホストのドメイン名から IP アドレスを取得できる．また，IP アドレスからドメイン名を，逆引きすることもできる．なお，DNS サーバーは取得した情報をキャッシュしており，すでに得た情報を問合せにいくことはない．このように DB システムを連携して必要な情報を得るシステムを**分散 DB システム**という．

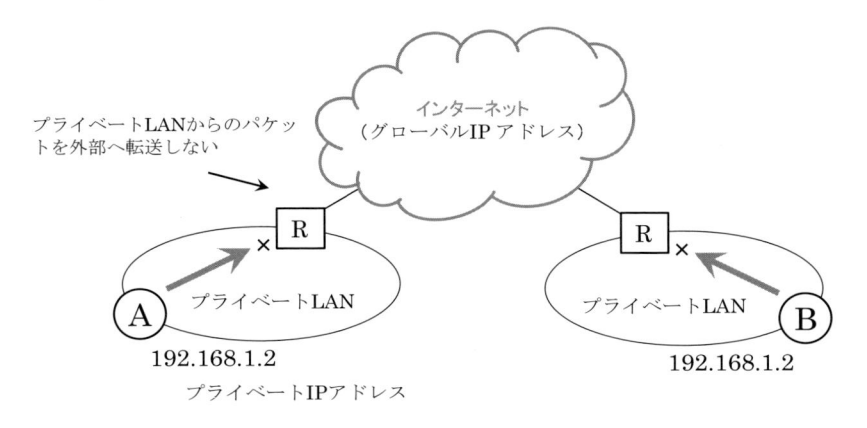

図 12.5　プライベート LAN

12.3　プライベート LAN

12.3.1　プライベート IP アドレス

　8 章で述べたように IP アドレスには，インターネット全体で通用するグローバル IP アドレスと，限定された範囲でだけ通用するプライベート IP アドレスがある．プライベート LAN は，大きさや用途に関わらず，プライベート IP アドレスが割り当てられているネットワークである．プライベート IP アドレスはプライベート LAN の中だけで有効なアドレスであり，プライベート LAN の境界ルーターは，プライベート IP アドレスが宛先や送信元になっている IP パケットは外部に転送しない．そのため，インターネットの 2 つのプライベート LAN で同じ IP アドレスをもつホストがあっても IP アドレスが重複して通信が混乱する，という問題は発生しない．この様子を図 12.5 に示す．

　プライベート LAN の内部のホストどうしで通信するにはこれでよいが，Web アクセスではプライベート LAN の外部のサーバーにアクセスしたい場合が多い．このようなとき，グローバル IP のネットワークにあるサーバーにプライベート LAN からアクセスする方法が，次に述べる NAT/NAPT の技術である．

NAT/NAPT（RFC 3022）

12.3 プライベート LAN

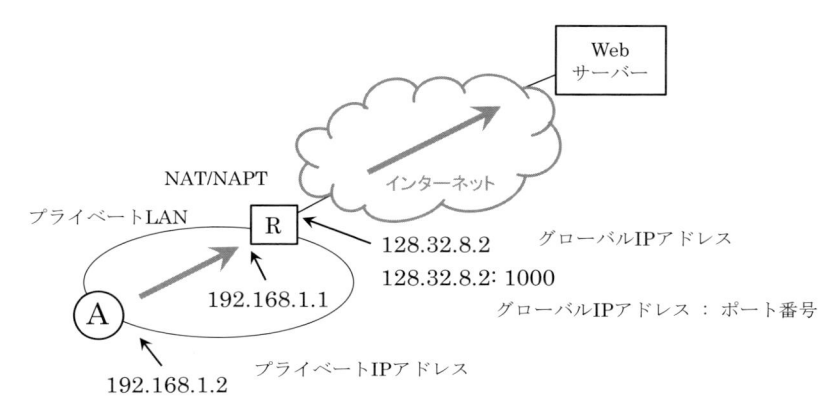

図 12.6 NAT/NAPT

12.3.2 NAT/NAPT

NAT（Network Address Translation，ナット）は，IP アドレスを変換するルーターの機能である．図 12.6 に示すように，グローバル IP アドレスがプライベート LAN の境界ルーターの WAN 側に設定されている．プライベート LAN から外部のサーバーにアクセスすると，境界ルーターに外部宛の IP パケットが到着する．境界ルーターは IP ヘッダーの送信元 IP アドレスをグローバル IP アドレスに書き替えて外部に送信する．そのとき，変換したアドレスを記録しておき，宛先のサーバーから Web ページのデータが境界ルーターに返信されてくると，今度はプライベート IP アドレスに戻して本来の送信元に送る．このようにしてプライベート LAN の内部の Web クライアントが外部の Web サーバーに送信することができる．

1 つの通信がアドレスを使用する時間は短いので，境界ルーターのグローバル IP アドレスが 1 つでも複数のホストからの通信をさばくことができる．しかし，内部のホスト数が多くなってくると外部への通信要求が集中するため，複数の IP アドレスが必要になってくる．しかし，IP アドレスは不足しているためグローバル IP アドレスにポート番号を組み合わせて対応付けする．これが **NAPT**（Network Address Port Translation，ナプト）で，**IP マスカレード**とも呼ばれる．なお，プライベート LAN の中にさらにプライベート LAN を設置することもできる．

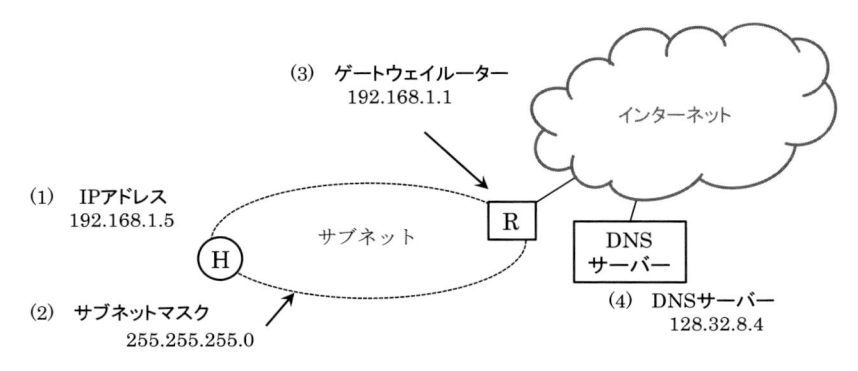

(1) IPアドレス
    192.168.1.5
(2) サブネットマスク
    255.255.255.0
(3) ゲートウェイルーター
    192.168.1.1
(4) DNSサーバー
    128.32.8.4

図 12.7 ローカルホストのネットワーク設定パラメータ

12.4 パラメータの自動配布

12.4.1 ホストの設定パラメータ

これまでホスト間通信に必要なさまざまなパラメータを学んできた．ここで，コンピュータをネットワークに接続するとき，設定しなければならないパラメータについてまとめておこう．

必要なものは図12.7に示す4つのパラメータである．まず，ホストのIPアドレスとサブネットマスクが必要になる．この2つから，ホストが接続しているサブネットのネットワークアドレスが求められる．さらにサブネットの出口に設置されたゲートウェイルーターのIPアドレスが必要である．また，12.1で説明したように宛先ホストのドメイン名からIPアドレスを求めるために問合せをするDNSサーバーのIPアドレスが必要である．これらのパラメータはネットワークの管理者が定めるもので，ユーザーは配布された値をコンピュータに設定する．

ノートPCなどではネットワークの設定画面が用意されており，そこにパラメータを設定するとネットワークが使用できるようになる．しかし，一般ユーザーがこれらのパラメータを理解するのも，環境が変わるたびに再設定するのも面倒である．そこで，ユーザーが設定しなくてもネットワークが使用できるようにパラメータを自動的に配布する仕組みが次に述べるDHCPである．

DHCP（RFC 2131）

12.4 DHCP

電源を入れたとき
リクエストをブロードキャスト

DHCP クライアント H

R DHCP サーバー

インターネット

(1) IPアドレス
(2) サブネットマスク
(3) ゲートウェイルーター
(4) DNSサーバー

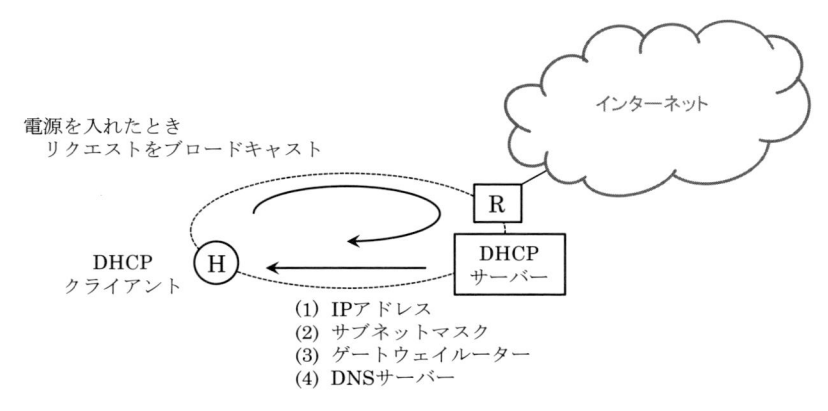

図 12.8　DHCP によるパラメータの自動配布

12.4.2　DHCP

DHCP（Dynamic Host Configuration Protocol）は，図 12.8 に示すようにクライアント・サーバーモデルでサーバーがクライアントにネットワークパラメータを配布するプロトコルである．ノート PC やスマートフォンなどでは DHCP クライアントが自動的に起動している．DHCP クライアントは，ホストを結線したり無線を有効にすると，ブロードキャストをサブネット内に流してパラメータの配布を依頼する．これを受信した DHCP サーバーはパラメータを配布し，送信元ホストの DHCP クライアントがこのパラメータを自分自身に設定してネットワーク設定が完了する．

プライベート LAN の場合は，その LAN の管理者がパラメータを決めればよい．たとえば，192.168.1.0/24 を使用する，と決めると，サブネットマスクは 255.255.255.0 となる．ゲートウェイルーターの IP アドレスは 192.168.1.1 か 192.168.1.254 とする．各ホストに IP アドレスを 192.168.1.2, 192.168.1.3 と順番に配布していけば 253 台のホストを接続できる．これはどのプライベート LAN でも同じ設定で構わない．そこで，DHCP サーバーとさらに名前解決をする DNS サーバーを境界ルーターに組み込んでしまうと，ルーターを設置してホストを接続するだけでネットワークが使用できるようになる．ただし，セキュリティ確保のためにはユーザーや端末の認証が必要である．

第 12 章　DNS とプライベート LAN

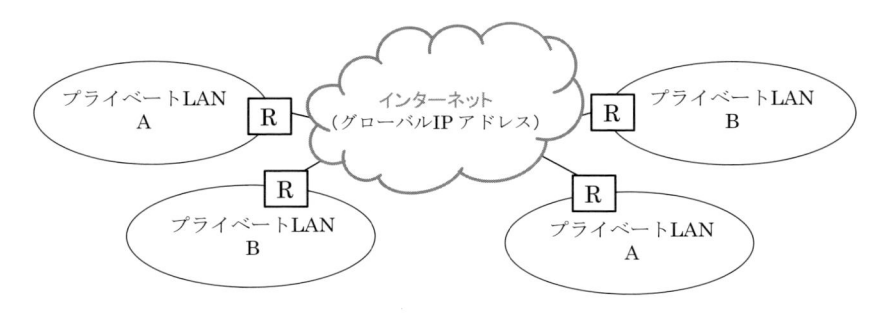

図 12.9　VPN

　プライベート LAN は設定が大変便利で，外部からネットワークにアクセスできないためセキュリティも高い．IP アドレスの不足によりプライベート LAN しか構築できないという事情もあり，一般家庭から官庁や企業など，多くの周辺ネットワークでプライベート LAN が用いられている．それぞれの組織では，プライベート LAN 内の業務システムでデータを共有したり，コミュニケーションをとっている．

　出張に行った人がこのような組織内のサーバーに出先でアクセスする必要に迫られることがある．また，大きな組織では，離れた場所にキャンパスが分散している場合がある．別々のキャンパスでも同じ組織であれば共通の業務システムにアクセスしたい．図 12.9 では，A 社と B 社がそれぞれ 2 つのキャンパスをもっている．それぞれがプライベート LAN である場合，1 つのキャンパスにある業務システムにもう一方のキャンパスからアクセスすることは通常できない．そこで，2 つのプライベート LAN を同じプライベート LAN と見なして通信できるようにする技術が **VPN**（Virtual Private Network）である．VPN を用いると，A 社，B 社それぞれに，離れたキャンパスの LAN を 1 つの LAN として使用することができる．なお，VPN では，IP パケットがグローバル IP のネットワークを通過するとき，**カプセル化** という仕組みが用いられている．

〈12章の課題〉

12.1 次の用語を説明しなさい．
    (1)   ドメインとドメイン名
    (2)   クライアント・サーバーモデル
    (3)   DNS
    (4)   プライベートLAN
    (5)   NAT/NAPT
    (6)   DHCP
    (7)   VPN

12.2 ドメイン名からIPアドレスを調べるDNSの仕組みを説明しなさい．

12.3 プライベートIPアドレスは限定されたネットワーク内で有効なIPアドレスである．それにも関わらず，外部のWebサーバーにアクセスできる理由を説明しなさい．

12.4 サイト訪問：
JPRS(日本レジストリサービス)のWebサイトを訪問し，ドメイン名管理についての公開記事を読みなさい

12.5 調査：
    (1)   使用しているPCのDNSサーバーのIPアドレスを調べなさい．
          設定画面を見るか，次のコマンドで調べなさい．
          UNIX/Mac: cat /etc/resolv.conf
    (2)   digはDNSを用いてアドレス解決をするコマンドである．digの使い方を調べなさい．また，下記のコマンドを実行してルートネームサーバーを調べなさい．
          UNIX/Mac: dig

12.6 研究課題：
JPNICのWebサイトを訪問しWHOISデータベースの利用方法を調べなさい．

13 遠隔ログインとファイル転送

章の要約

第Ⅳ部では，ユーザーにインターネットサービスを提供するアプリケーションプロトコルについて取り上げる．この章では，まずネットワークアプリケーションについて述べ，その後，基本的なインターネットサービスである遠隔ログインとファイル転送について述べる．

13.1 インターネットサービスとアプリケーション層プロトコル

私たちはインターネットを利用して，WWWや電子メールなどのさまざまなサービスを受けている．これらの**インターネットサービス**を提供しているのは**ネットワークアプリケーションソフトウェア（ネットワークアプリケーション）** である．ネットワークアプリケーションはクライアントコンピュータとサーバーコンピュータにそれぞれインストールされており，互いに通信し合うことによってユーザーにインターネットサービスを提供している．

ネットワークアプリケーションのこのような動作を規定するのは，OSI参照モデルでは第7層のアプリケーションプロトコルである．しかし，現在広く用いられているTCP/IPアプリケーションプロトコルは，TCP/IP階層モデルに基づいて構築されているため，セッション管理や文字コードなど第5層や第6層に相当する機能も含んでいる．そのため，インターネットサービスの通信は，第5～7層に対応付けられる．これを図13.1に示す．

13.1 インターネットサービスとアプリケーション層プロトコル

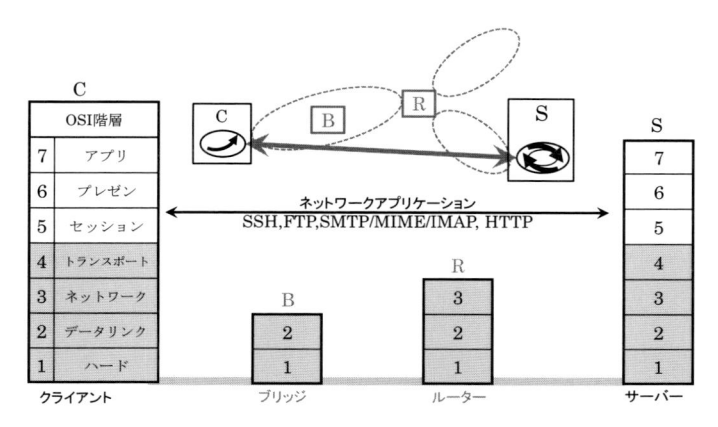

図 13.1 インターネットサービス

代表的なインターネットサービスとしては遠隔ログイン，ファイル転送，電子メール，WWW が挙げられる．表 13.1 に示すように，1 つのインターネットサービスは 1 つのプロトコルに対応するとは限らない．電子メールサービスには，SMTP，POP，MIME，IMAP の 4 つのプロトコルが関係している．また，TELNET や FTP など開発当初のプロトコルはセキュリティが弱いため，暗号化や認証などを含むプロトコルに置き換えられている．たとえば，高いセキュリティが必要な遠隔ログインでは TELNET が用いられることはなく，SSH が用いられている．WWW では，公開情報の通信は HTTP，電子商取引などでは HTTPS と使い分けされている．HTTPS は，他のセキュアプロトコルと同様に HTTP over TLS の略称である．

表 13.1 主なインターネットサービス

サービス	プロトコル	セキュア	機 能
遠隔ログイン	TELNET	SSH	コンピュータへの遠隔ログインと遠隔操作
ファイル転送	FTP	SFTP	ファイルのアップロード・ダウンロード
電子メール	SMTP	SMTPS	電子メールの送信
	POP	POPS	電子メールのダウンロード
	MIME	SMIME	添付ファイルの生成
	IMAP	IMAPS	電子メールの管理
WWW	HTTP	HTTPS	情報検索

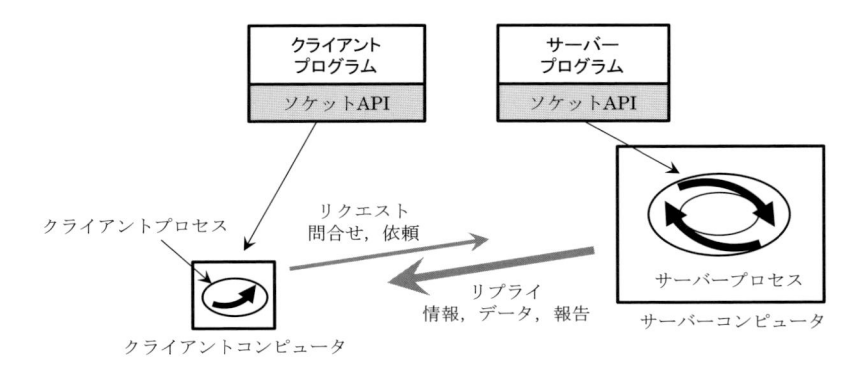

図 13.2　ネットワークアプリケーションの構成

13.2　ネットワークアプリケーション

13.2.1　ネットワークアプリケーションの構成

インターネットサービスを規定するアプリケーションプロトコルは，12章で述べたクライアント・サーバーモデルを用いている．図13.2に示すように，このモデルに基づくプログラムは，サーバー側，クライアント側の2種類1組のプログラムで構成される．

一般に，プログラムをコンピュータで実行すると，メモリやCPUなどが確保され，プログラムの手順に従って処理が進められていく．その状態が9.5.1で述べた**プロセス**である．ネットワークアプリケーションの場合は，サーバーコンピュータではサーバープロセスが常時稼働しており，クライアントコンピュータからリクエストが来るのを待っている．一方，クライアントコンピュータではユーザーがネットワークアプリケーション（クライアント）を起動すると，クライアントプロセスが生成され，クライアントプロセスがユーザーのリクエストをサーバーに送信する．サーバープロセスはリクエストを受信して処理をし，クライアントにリプライする．このように，ユーザーがインターネットサービスを利用している間，クライアントプロセスとサーバープロセスはリクエストとリプライを繰り返している．

13.2 ネットワークアプリケーション

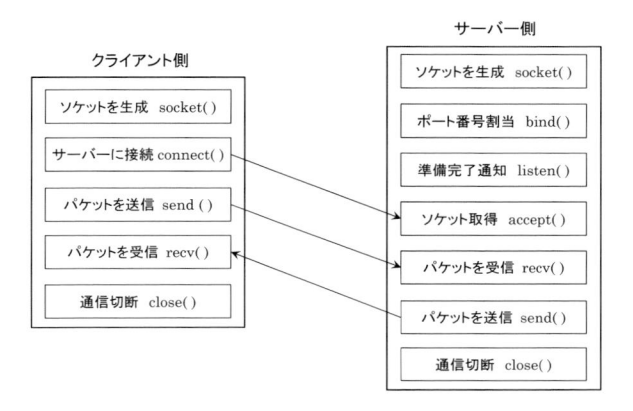

クライアント側
- ソケットを生成 socket()
- サーバーに接続 connect()
- パケットを送信 send()
- パケットを受信 recv()
- 通信切断 close()

サーバー側
- ソケットを生成 socket()
- ポート番号割当 bind()
- 準備完了通知 listen()
- ソケット取得 accept()
- パケットを受信 recv()
- パケットを送信 send()
- 通信切断 close()

図 13.3 ソケット API による TCP 通信の流れ

13.2.2 ソケット API とネットワークプログラミング

通信の機能はコンピュータの OS がもつ機能である．ネットワークアプリケーションを作成するとき，どのようにして OS の通信機能を使用するのだろうか．各 OS は，アプリケーションが OS のネットワーク機能を使用するための標準仕様とそれに準拠したライブラリ関数やクラスライブラリを公開している．作成しているプログラムからこれらのライブラリを呼び出すことにより通信機能をプログラムすることができる．一般に，すでにあるプログラムを他のプログラムで使用するための標準仕様を API (Application Programming Interface) という．TCP/IP 通信の API は，**ソケット** (Socket) API と呼ばれており，BSD UNIX の Berkley ソケットや Windows 用の Winsock などがある．

図 13.3 は，TCP 通信を組み込む場合のプログラムの流れを示している．各処理の枠内に書かれているのは Berkley ソケットの C 言語ライブラリ関数である．この図でソケットと書いてあるのは通信パラメータが格納されたソケット構造体のことである．サーバーは，まずソケット構造体を生成，登録し，クライアントからコネクションの接続要求がくるのを待つ．サーバーがクライアントの接続要求を受理すると，クライアントはパケットの送信を開始し，サーバーは受信する．通信が終るとクライアントはコネクションを切断する．UDP 通信に関しても同様なライブラリ関数が公開されている．

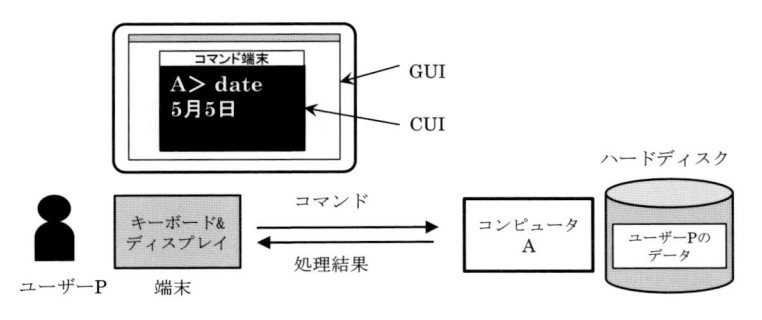

図 13.4　CUI によるコンピュータの操作

13.3　遠隔ログイン

13.3.1　コンピュータの使用

　インターネットやネットワークの端末というと，コンピュータやユーザーが使用する通信機器を指しているが，**コンピュータの端末（ターミナル）**はコンピュータを操作する機器という意味で，キーボードとディスプレイのセットである．最も単純な端末は**テキスト端末**と呼ばれるものである．テキスト端末はテキストデータを入力し表示する機器である．**テキストデータ**は，**文字コード表**で文字，数字，記号に対応したコードだけで構成されたデータである．テキスト端末は，コマンドの文字列を入力してコンピュータ本体に処理させ，結果を数字や文字で表示させるために用いられる．現在はディスプレイが高性能化し，テキスト端末という機器はあまり見ない．しかし，Windows ではコマンドプロンプト，Mac ではターミナルと呼ばれるユーティリティソフトを起動するとコマンド入力画面が現れ，図 13.4 に示すような擬似的なテキスト端末による操作ができる．マウスなどを使う通常のコンピュータ操作を GUI（Graphic User Interface）というのに対して，コマンド入力でコンピュータを操作することを CUI（Command User Interface）という．人間にとっては GUI が便利で，アプリケーションは GUI でなければ使用できないものも多いが，OS の機能に対してはすべてコマンドが用意されているため CUI でシステム管理ができる．

13.3 遠隔ログイン

● パスワードによるユーザ認証

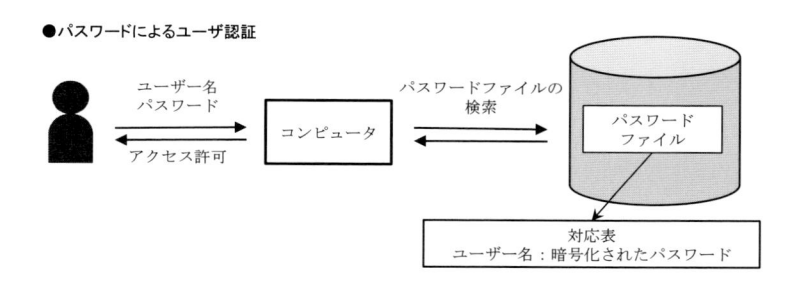

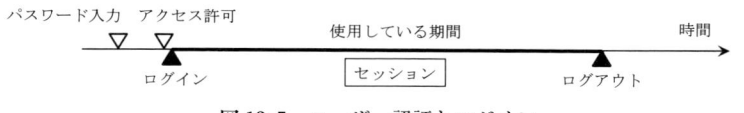

図 13.5 ユーザー認証とログイン

13.3.2 ユーザー認証とログイン

スマートフォンやノート PC を使うときは，パスワードを入力してから使う．これは自分の PC を他人に使われないようにする目的であるが，本来は，複数の人が 1 台のコンピュータを個別のユーザー環境で使うときの仕組みである．図 13.5 に示すように，コンピュータを使いたい人は予めユーザー名とパスワードを登録する．すると，ユーザー名に対して，使用できる機能とハードディスクの領域が定められ，パスワードファイルに登録される．コンピュータを使うときは，ユーザー名とパスワードを入力することによって，確かにそのユーザーであるということをシステムに認めてもらう．これを**ユーザー認証**という．認証されるとコンピュータが使用できる状態になる．そのときからユーザーの操作の記録が始まるため，ユーザー認証の手続きを**ログイン**（記録に入る）という．終了はその反対で**ログアウト**（記録から出る）である．

遠隔地のコンピュータでも同じ仕組みでユーザー管理をする．ネットショッピングやオンラインバンキングではユーザー登録が求められ，買物をするときはログインして操作する．各サイトのサーバーは利用できる機能やデータをユーザー名で管理しており，ユーザーがパスワード認証にパスすれば，サーバーで与えられている権利をすべて行使できる．ユーザーがログアウトすることによりセッションを終了する．ユーザー名は，ユーザー ID，ログイン ID，会員 ID などと書かれている場合もある．

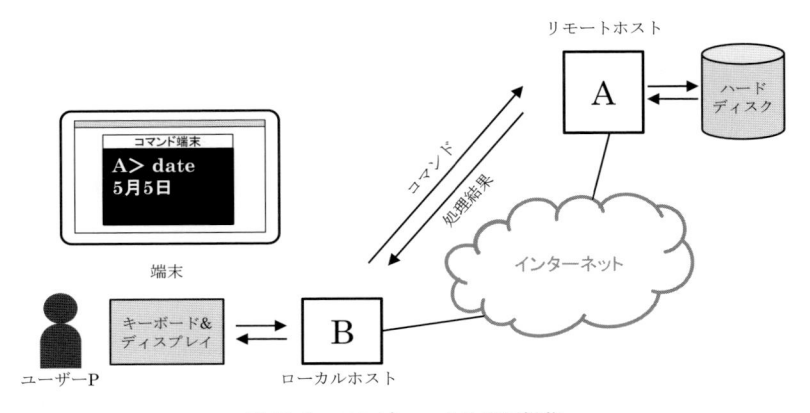

図 13.6　コンピュータの遠隔操作

13.3.3　コンピュータの遠隔操作

　遠隔地にあるコンピュータを**リモートホスト**，目の前にあるコンピュータを**ローカルホスト**と呼ぶ．図 13.6 に示すように，ローカルホストからリモートホストを操作することがコンピュータの遠隔操作である．

　図 13.6 では，ユーザー P はローカルホスト B に向かって操作しているが，実際に処理をしているのは遠隔地にあるリモートホスト A である．B は，P が入力したコマンドをインターネット経由で A に送信する．A の処理結果が返信されると B はそれをディスプレイに表示する．B は自分の端末に A の端末を真似た動作をさせている．B のこの機能は**端末エミュレーション**と呼ばれる．

　端末エミュレーションを行うためには，両者で表示画面のサイズなどを打ち合せておく必要がある．また，テキストを扱うためには，文字コードや改行コードなどをリモートホストに合わせる必要がある．このようなパラメータをまとめてセットにしたものを**仮想端末**といい，**VT**（Virtual Terminal）という規格が定められており VT100 を始めさまざまなものがある．端末エミュレーションを行うときは，双方で使用する仮想端末の規格を定める．これによって，ローカルホストのコマンド入力を正しくサーバーに送り，サーバーの出力をローカルホストのディスプレイ上に正しく表示させることができる．

SSH/SFTP（RFC 4253）
TELNET（RFC 854）

13.3 遠隔ログイン 163

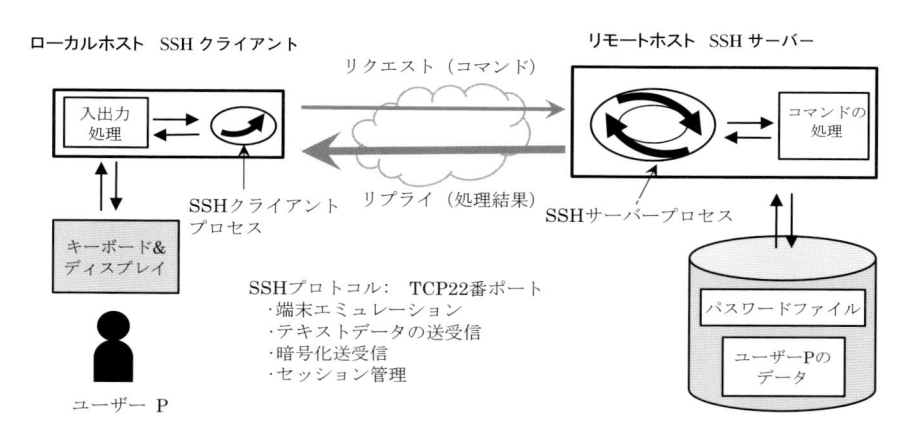

図 13.7 遠隔ログイン (SSH)

13.3.4 遠隔ログイン：SSH

　遠隔ログインは，ユーザー登録のあるコンピュータにインターネット経由でログインして使用できるようにするインターネットサービスである．遠隔ログインのプロトコルとして，現在用いられているのはSSH(Secure SHell)である．初期に用いられたTELNET(テルネット)と機能は同じであるが，SSHではコマンドや結果が通信中に傍受，改ざんされるのを防ぐため，通信データを暗号化して送信する．

　まず，ローカルホストのSSHクライアントアプリで，リモートホストがサポートしている仮想端末のパラメータを設定しておく．ユーザーがSSHクライアントを起動すると，図13.7に示すように端末エミュレーションが開始される．まず，SSHサーバーからユーザー名とパスワードが要求される．ユーザーが入力したパスワードがマッチするとリモートホストにログインし，ローカルホストからリモートホストをCUIで操作できるようになる．また，セッションの間，通信の連続性が失われないように送受信の宛先が保持されている．

　遠隔ログインは一般ユーザーにはなじみが薄いがサーバー管理などでよく使われている．しかし，悪意のあるユーザーによって管理者権限を奪われるとシステムを停止することもできる強力なサービスであるため，SSHは高セキュリティ環境で限定的に使用されるべきである．

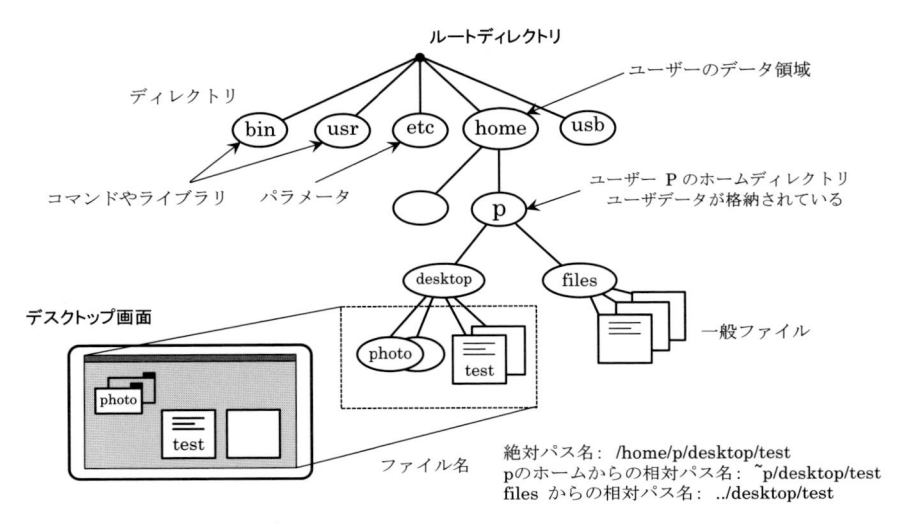

図 13.8　コンピュータのファイルシステム

13.4　ファイル転送

13.4.1　コンピュータのファイルシステム

　コンピュータの OS が管理しているハードディスクのファイル全体を**ファイルシステム**という．図 13.8 には UNIX のファイルシステムが示されている．各ファイルは**ディレクトリ**と呼ばれるファイルの名簿で管理されており，"木"を逆さにしたような構造になる．一番上はルートディレクトリで，その他の木の節にあたるのがディレクトリ，葉に当たるのがファイルである．ディレクトリをたどる道筋を**パス**といい，ファイルの名前はパスを付けて表す．ルートディレクトリからのパスを付けた**絶対パス名**はファイルのフルネームに相当する．途中のディレクトリからの**相対パス名**もよく用いられる．

　各ユーザーには個別のファイル領域が割り当てられている．ファイルシステムの home ディレクトリの下に各ユーザー名のディレクトリがある．ユーザー名のディレクトリは**ユーザーのホームディレクトリ**と呼ばれており，各ユーザーのファイルやディレクトリが置かれている．ユーザー個別の設定ファイルもここにあり，たとえば，desktop というディレクトリには，ユーザーがログインしたときデスクトップに表示されるファイルが保存されている．

FTP（RFC 959）

13.4 ファイル転送

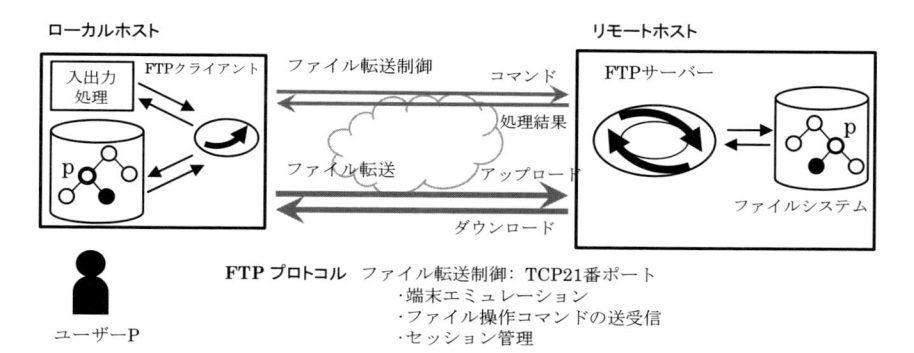

図13.9 ファイル転送FTP

13.4.2 ファイル転送：FTP

WWWからダウンロードするのも電子メールに添付するのもファイルを送る方法であるが，基本的に送り手と受け手のユーザーが異なる．ここで述べるファイル転送は，リモートホストにある自分のファイル領域のファイルをローカルホストへダウンロードし，逆にローカルホストから自分のファイルをアップロードするインターネットサービスである．両方とも自分のファイルであるから，ファイルシステムの場所から場所へもっとダイレクトにファイルを転送したい．このようなファイル転送のプロトコルがFTP(File Transfer Protocol)である．また，暗号化して送信する安全性の高いプロトコルとしてSFTP(Secure File Transfer Protocol)およびSCP(Secure Copy)がある．

FTPでは，図13.9に示すように，まず，ユーザーはリモートホストのユーザー認証を受ける．リモートホストにログインすると自分のユーザーホームにアクセスできるようになる．そこで，ダウンロードするファイルを指定し，アップロードするディレクトリを作成できるようになる．このようにFTPでは，ファイルを送受信する以前に，リモートホストにログインし自分のファイルをローカルホストで操作する仕組みをもっている．

FTPでは，ファイル転送制御と実際のファイル転送を別々のコネクションで行う．まず，最初のコネクションでダウンロードやアップロードするファイルの指定を行い，別のコネクションで実際に送受信する．

UNIX 以外の OS の場合について補足すると，Windows や Macintosh でも UNIX に似た構造のファイルシステムを使用しているがいくつかの違いがある．Windows や Macintosh では，ディレクトリは**フォルダー**と呼ばれている．また，ハードディスクや DVD，USB などのドライブの扱いが異なり，UNIX や Macintosh のファイルシステムはこれらを統合して 1 つのファイルシステムとするのに対し，Windows ではドライブごとにファイルシステムが分かれている．さらに，システムのコマンドや設定パラメータを格納するディレクトリ名も OS によって異なっている．

　ftp コマンドでは操作用にサブコマンドが用意されているが，ユーザーがファイルを操作するには GUI が便利である．OS の GUI によるファイル操作機能は，一般に**ファイルマネジャー**と呼ばれている．同様に FTP を GUI で操作するソフトウェアもある．

　このように FTP は基本的には 2 つのコンピュータにある自分のファイルをやり取りするものであるが，サーバーが一般に公開しているファイルをダウンロードするためにも使われる．その場合にはサーバー側の設定でユーザー認証を省略することができる．これは**アノニマス FTP**（Anonymous FTP，**匿名 FTP**）と呼ばれている．

〈13章の課題〉

13.1 次の用語を説明しなさい．
  (1) ソケット API   (5) ファイルシステム
  (2) CUI   (6) FTP
  (3) 端末エミュレーション (7) アノニマス FTP
  (4) SSH

13.2 インターネットサービス，ネットワークアプリケーション，アプリケーションプロトコルの関係を述べなさい．

13.3 検索：UDP ソケットのライブラリを調べなさい．（ネットワークプログラミングなどのキーワードを利用するとよい）

13.4 遠隔ログインには，コンピューターの遠隔操作だけでなくユーザー認証の仕組みが含まれる．その理由を述べなさい．

13.5 調査：
UNIX/Mac でファイルマネジャーを用い，ファイルシステムの構造を確認しなさい．

13.6 ファイル転送と WWW ダウンロードとの違いを述べなさい．

13.7 ファイル転送で2つのウェルノウンポートを使用する理由を述べなさい．

13.8 研究課題：
  (1) ネットワークプログラミングについて調べなさい．
  (2) SSH クライアントアプリおよび FTP クライアントアプリについて調べなさい．
  (3) WebDAV のサービス，使用方法，仕組みについて調べなさい．

14 電子メール

章の要約

電子メールは，人にメッセージを届けるインターネットサービスである．また，文書やデータを送信することもできる．本章では，電子メールアドレスの構成，電子メールの構造，およびSMTP，POPによる電子メールの送受信について述べ，さらに，添付ファイルやメールの管理についても述べる．

14.1 電子メールサービス

電子メール(Electonic Mail, Eメール)は，電子メールサーバーに登録されたユーザーに対し，テキストデータのメッセージを送信するインターネットサービスである．携帯電話のメールと区別するために，デスクトップメールなどと呼ばれることもあるが，どんなコンピュータで用いるかは問題ではなくスマートフォンやタブレット端末でも電子メールを送受信することができる．

電子メールを読み書きし送受信するには，2つの方法がある．1つはメールソフトと呼ばれるネットワークアプリケーションを使用する方法である．メールソフトは，OSに付属していてコンピュータをセットアップしたときに自動的にインストールされるが，フリーソフトも多数ある．もう1つの方法はWebメールと呼ばれるもので，Webブラウザから電子メールのサービスサイトにアクセスして利用する．Webメールは，電子メールをWWWと組み合わせたものである．本章では，電子メールソフトを使用する場合について述べ，Webメールについては15章で触れる．

14.1 電子メールサービス

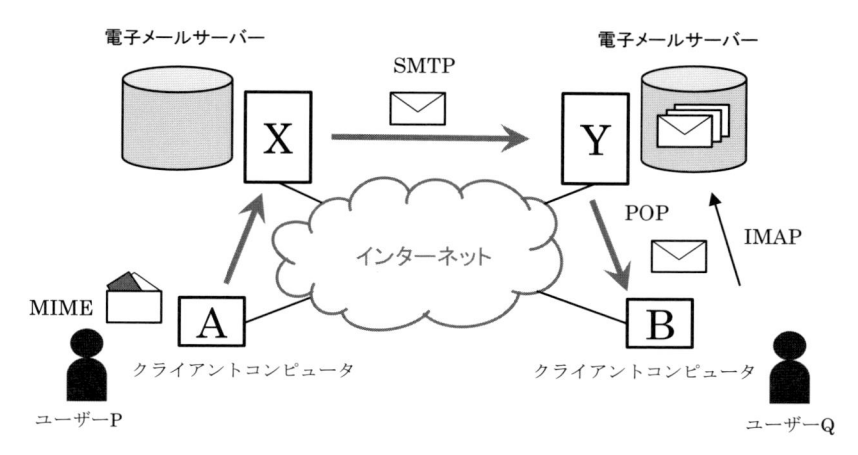

図 14.1 電子メールに関するプロトコル

電子メールサービスでは複数のプロトコルが用いられている．図 14.1 は，それらのプロトコルの関係を示したものである．ユーザー P は電子メールサーバー X，ユーザー Q はサーバー Y に登録されており，ユーザー P がユーザー Q 宛に電子メールを送信している．ユーザー P が，クライアントコンピュータのメールソフトで写真を添付し，送信すると，登録している電子メールサーバー X から 電子メールサーバー Y に Q 宛の電子メールが届けられる．このとき，電子メールの送信では SMTP が用いられ，写真を電子メールに添付して送信するために MIME が用いられている．

Q が自分のクライアントコンピュータで電子メールソフトを起動すると，サーバー Y から Q 宛のメールがダウンロードされる．メールをダウンロードするプロトコルは POP であるが，IMAP を用いると，ダウンロードに加えてサーバーでメールを管理することができる．

電子メールは，相手がいなくても送信でき，届くまでの時間が短く，記録が残り，写真やオフィス文書などのファイルも送ることができる．さらに多数の人に同時に送信できるなど，それまでの通信手段にない利点があったため，インターネットを一般社会に浸透させた最初のインターネットサービスである．

図 14.2 電子メールアドレス

14.2 電子メールの送受信

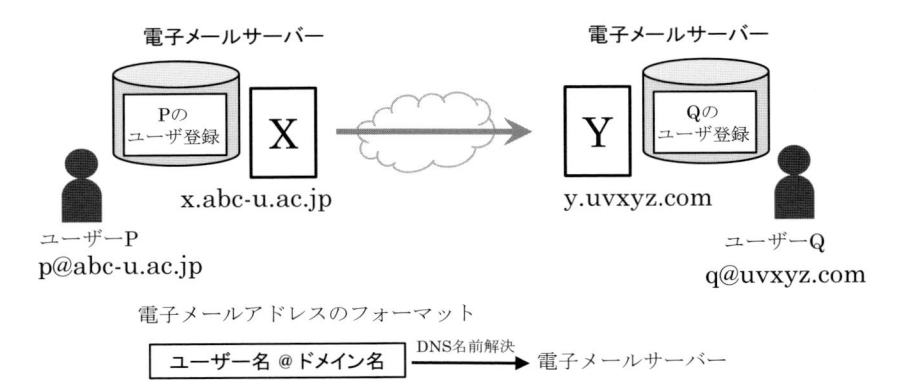

14.2.1 電子メールアドレス

電子メールアドレスは，電子メールサーバーに登録したユーザー名とサーバーが属すドメイン名を＠でつないだものである．図 14.2 で，P が登録しているユーザー名は p で，電子メールサーバー X は abc-u.ac.jp ドメインに属している．そこで，p の電子メールアドレスは p@abc-u.ac.jp となる．Q も同様にして q@uvxz.com となる．

各ドメインの DNS サーバーのネーム DB には **MX レコード**と呼ばれる行があり，そこにそのドメインの電子メールサーバーが登録されている．abc-u.ac.jp の電子メールサーバーは X であるから，p@abc-u.ac.jp は p@x.abc-u.ac.jp と解釈される．同様に，p@uvxyz.com は p@y.uvxyz.com と解釈される．

それでは，なぜ，始めから電子メールアドレスを p@x.abc-u.ac.jp としないのだろうか．それは，1 つのドメインの電子メールサーバーが通常 1 台ではないからである．メンテナンスなどで 1 台が停止しても他のサーバーがサービスを引き継ぐことができるように数台の電子メールサーバーが稼働しており，優先順位に従ってどれかが電子メールの送受信を行っている．このとき，主たるサーバーを**プライマリーサーバー**，副のサーバーを**セカンダリーサーバー**などと呼ぶ．

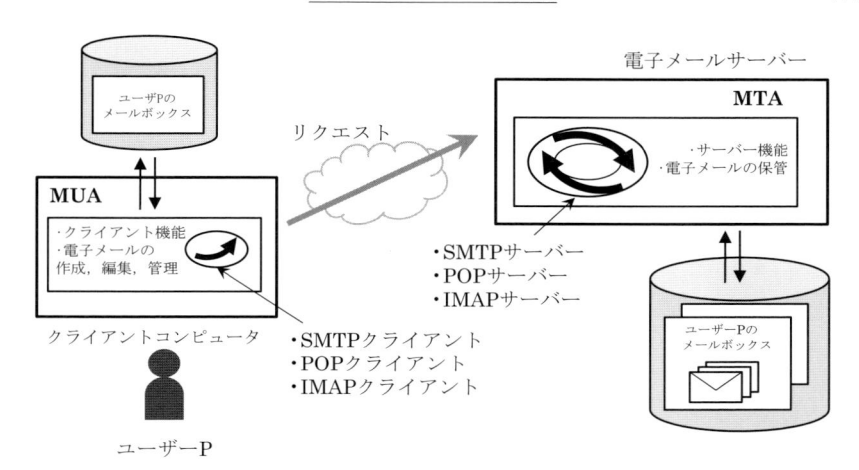

図 14.3 MTA と MUA

14.2.2 MTA と MUA

図 14.3 に示すように，電子メールサーバーで稼働するネットワークアプリケーションを MTA（Mail Transfer Agent）という．MTA は電子メールに関する複数のプロトコルのサーバー機能やクライアント機能をもっている．ユーザーの依頼で電子メールを送信する．また，他から受信したメールを保管しユーザーのクライアントコンピュータに送信する．ユーザーがサーバーのメールボックスを管理する機能もある．代表的な MTA として，sendmail（古い），qmail, postfix がある．

これに対して，ユーザーがクライアントコンピュータで使うネットワークアプリケーションは MUA（Mail User Agent）と呼ばれる．MUA は，電子メールの送受信だけでなく，メールアドレスの管理，電子メールの編集，メールの検索，消去，分類などメールボックスの管理を行う．MUA には，OS 付属のメールソフトの他，Thunderbird など多数のフリーソフトがある．電子メールの問題として，一方的に送られてくる迷惑メール（スパムメール）があるが，MUA は迷惑メールを除去する機能をもっている．一般にデータやパケットを選別することを**フィルタリング**というため，迷惑メールフィルタと呼ばれている．中でも，**ベイジアンフィルタ**は学習機能をもち，ユーザーが受信したメールを迷惑メールに手動で分類していると次第に自動的に迷惑メールを判定し，除去できるようになる．

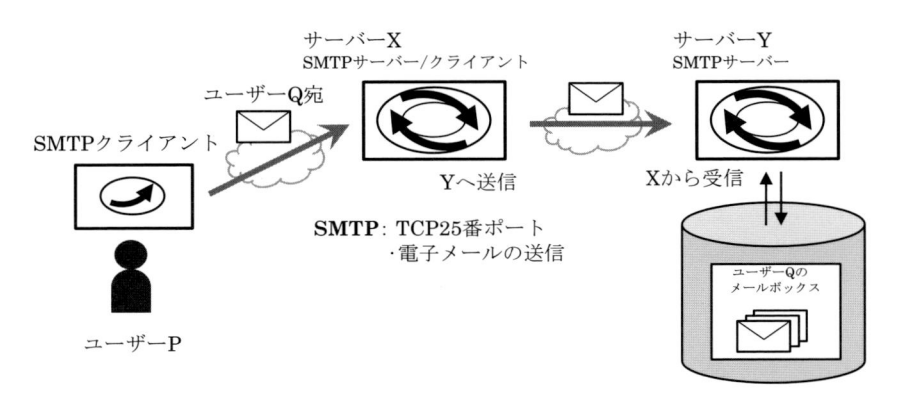

図 14.4 電子メールの送信

14.2.3 電子メールの送信：SMTP

SMTP（Simple Mail Transfer Protocol）は電子メールを送信するプロトコルである．図14.4ではユーザーPがユーザーQ宛の電子メールを送信している．PがMUAを起動すると，MUAは予め設定されているユーザー名とパスワードをXに送りユーザー認証を受ける．Pが電子メールを作成し送信ボタンを押すと，MUAは宛先電子メールアドレスからYのIPアドレスを得る．MUAのSMTPクライアントがXに電子メールを送信すると，サーバーXのSMTPサーバーが受信し，さらに，サーバーXのSMTPクライアントがYへ送信する．サーバーYはQ宛の電子メールを受信するとQのメールボックスにメールを保存する．ここで，電子メールサーバーXは電子メールを受信して送信している．これを電子メールの**リレー**という．

たまたま，YやYに至るネットワークで不具合があり送信できないこともある．そのような場合にはXは電子メールを一旦保存し，改めて送信する．

SMTPクライアントがSMTPサーバーに電子メールを送信する場合の送信手順をみて見よう．SMTPはまずTCPコネクションを確立し，そのコネクション上で図14.5に示すように制御情報の交換と電子メールデータの送信を行う．

SMTP（RFC 5321）

14.2 電子メールの送受信

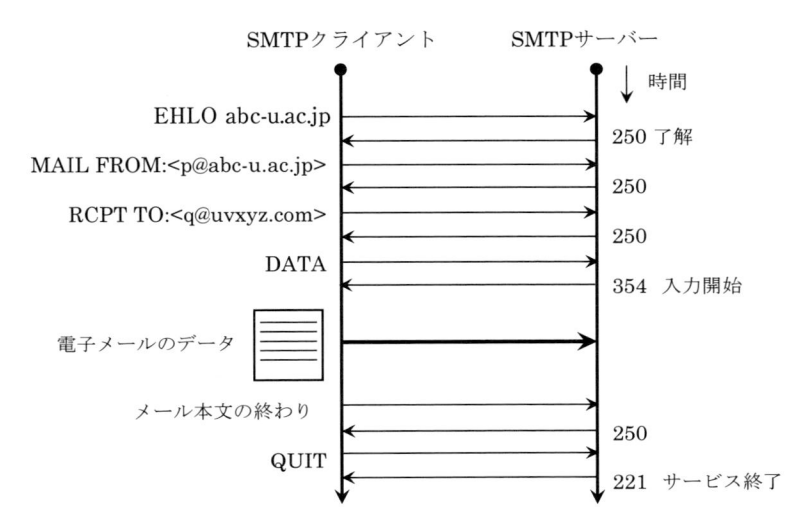

```
SMTPクライアント          SMTPサーバー
    ●────────────────────────●  ↓ 時間
    │    EHLO abc-u.ac.jp    │
    │───────────────────────▶│
    │                        │  250 了解
    │◀───────────────────────│
    │ MAIL FROM:<p@abc-u.ac.jp>│
    │───────────────────────▶│
    │                        │  250
    │◀───────────────────────│
    │ RCPT TO:<q@uvxyz.com>  │
    │───────────────────────▶│
    │                        │  250
    │◀───────────────────────│
    │         DATA           │
    │───────────────────────▶│
    │                        │  354 入力開始
    │◀───────────────────────│
    │   電子メールのデータ      │
    │───────────────────────▶│
    │   メール本文の終わり      │
    │───────────────────────▶│
    │                        │  250
    │◀───────────────────────│
    │         QUIT           │
    │───────────────────────▶│
    │                        │  221 サービス終了
    │◀───────────────────────│
```

図 14.5　電子メールの送信：SMTP

　次に，クライアントはサーバーに対してハローメッセージ，送信者，受信者を通知する．サーバーはクライアントの各コマンドに対して応答番号を返す．この応答番号よってクライアントは受信の状況を確認する．クライアントとサーバーが送信するコマンドやデータには必ず最後に CR + LF（改行）を付ける．したがって，SMTP では行単位で通信を行っているといえる．

　準備が整うとクライアントは，DATA というコマンドでデータ送信を通知し，電子メールを送信する．送信が終了するとクライアントはピリオドだけの行を送信してメールデータの終了をサーバーに知らせる．さらに通信の終了をサーバーに通知すると，サーバーが 221 を送信してサービス終了する．

　SMTP には送信者の認証機能がないが，送信元詐称を防ぐため，電子メールサーバーでは POPbeforeSMTP や SMTP 認証などの認証機能が使われている．また，リレー機能もサーバーへの攻撃に悪用されることがあるため，限定されている．しかし，電子メールのリレーは，本来，送信サーバーやネットワークの性能の低さをカバーするためのもので，高性能サーバーがリレー機能を公開している場合もあり**オープンリレー**と呼ばれている．

図 14.6 の (a) mbox形式 では「すべてのメールを1ファイルに保存」、(b) Maildir形式 では「1メールを1ファイルに保存」する構成を示す。Maildirディレクトリの下に tmp, new, cur の3つのサブディレクトリがある。

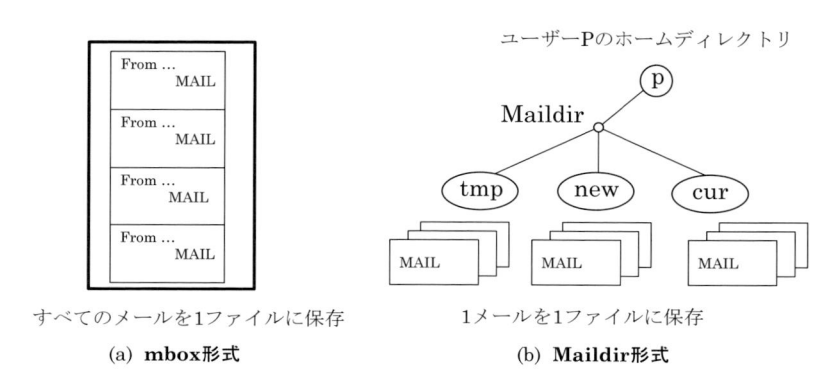

図 14.6 メールボックス

14.2.4 メールボックス

MTA や MUA では受信した電子メールをどのように保存しているのだろうか. メールボックスのフォーマットは標準化されていないため, 各 MTA, MUA が定めているが, 主に2つのフォーマットが用いられている.

1つは図 14.6 (a) に示す **mbox** 形式で, すべての電子メールを1つのテキストファイルで扱うものである. このファイルは, 1つ1つのメールが区別できるようなフォーマットになっている. mbox 形式は MUA でよく用いられているが, メール数が増えると処理に手間がかかる.

もう1つは図 14.6 (b) に示す **Maildir 形式**で1つのメールを1つのファイルとして扱うものである. この形式ではユーザーのホームディレクトリに Maildir というディレクトリが作られ, メールを保管するメールボックスになる. さらにサブディレクトリとして tmp, new, cur の3つのサブディレクトリが作られる. 受信したメールは, まず tmp に一旦, 保存され, new (新規の未読メール) に移動される. メールが読まれると cur (現在の既読メール) に移動する. したがって, たとえばユーザー P が読み終わったメールは, /home/p/cur/mail1 などのファイルとして保存されている. どちらの形式でも, フィルタリングや分類のため, 適宜, ファイルやディレクトリが追加される.

POP3 (RFC 1939)

14.2 電子メールの送受信

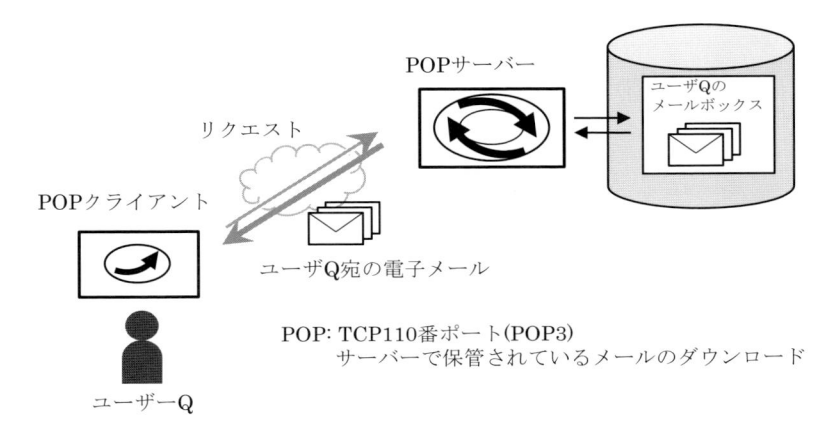

図 14.7 電子メールのダウンロード：POP

14.2.5 電子メールのダウンロード：POP

現在，一般ユーザーはクライアントコンピュータを使って電子メールを送受信しているが，初期のインターネットでは，ユーザーはサーバーに接続された端末やサーバーに TELNET でログインして作業をしていたため，電子メールの送受信もサーバーで行っていた．図14.4で Q が Y にログインできるのであれば，受信した電子メールは Y のメールボックスに入っているのであるから問題なく読むことができ，電子メールのプロトコルは SMTP だけで十分である．しかし，現在，一般ユーザーはサーバーにログインできないため，サーバーに届いた電子メールをクライアントから読む手段が必要になる．

POP（Post Office Protocol，ポップ）は，サーバーのメールボックスに届いている自分宛の電子メールをクライアントコンピュータにダウンロードするプロトコルである．図14.7では，ユーザ Q の MUA がサーバー Y に届いたメールをダウンロードしているところである．MUA の POP クライアントがサーバー Y に電子メールの送信を要求すると，Y の POP サーバーが Q 宛のメールを送信する．こうして，Q は P からのメールを読むことができる．基本的に，サーバーの電子メールは，ダウンロードするとき消去されるが，サーバーに残すこともできる．

```
電子メールのソースコード                    ヘッダー (テキストデータ,順序は決められていない)

Date: Mon, 26 May 2014 10:58:09 +0900      Date: 送信日時
To: q@uvxyz.com                             To: 宛先
From:  p@abc-u.ac.jp                        From: 差出人
Cc: r@abc-u.ac.jp                           CC: コピーの送り先
Reply-To: p@abc-u.ac.jp                     Reply-To: 返信先
Error-To: p@abc-u.ac.jp                     Error-To: エラーの返信先
Subject: Season's Greetings                 Subject: 電子メールのタイトル
Content-Type: text/plain                    Content-Type: 添付ファイルを含むかどうか
Content-Transfer-Encoding: 7bit             Content-Transfer-Encoding: 文字コードのタイプ
--                                          区切りを示す空行

Hello Q, how are you?                       本文 (テキストデータ)

The most beautiful season has come.
Let's go out for a drive before long.
```

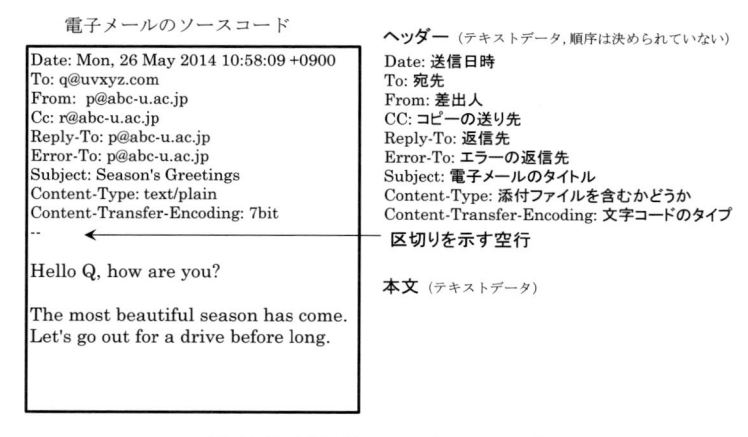

図 14.8　電子メールのフォーマット

14.3　電子メールのデータ

14.3.1　電子メールのフォーマット

　ユーザーがメールを作成すると，MUA はヘッダーを付加して電子メールの送信データを生成する．電子メールで実際に送受信されるデータは，電子メールのソースコードと呼ばれ，図 14.8 に示すようなものである．この例は英文のみの電子メールである．電子メールはヘッダーと本文に分けられ，ヘッダーと本文の間には境界を示すための空行が入っている．

　電子メールヘッダーの主な項目が図 14.8 の右上に示されている．Date: は送信日時，To: は宛先ユーザーのメールアドレス，そして From: は送信元ユーザーのメールアドレスを示している．Cc: はカーボンコピーの略で，メールのコピーを送るユーザーを示す．Reply to: は返信先のメールアドレスで，イベントの案内を送るときなどに受付担当者を送信者とは別に指定できる．大勢の人に同時にメールを送ると宛先不明アドレスのエラーメールでメールボックスがいっぱいになってしまうことがある．このようなとき，Error-To: はエラーメールを専用のアドレスで受信することができる．Subject: は電子メールのタイトルである．Content-Type: は本文の構造で，Content-Transfer-Encoding: は使用されている文字コードのタイプを示している．これらの電子メールヘッダーの中にはメールサーバーで記述を制限している場合もある．

14.3 電子メールのデータ

日本語の電子メールのソースコード

```
Date: Mon, 26 May 2014 10:58:09 +0900
To: q@uvxyz.com
From: p@abc-u.ac.jp
Subject: =?ISO-2022-JP?B?GyRCNShAYSROMCc7IhsoQg==?=
Content-Type: text/plain; charset=ISO-2022-JP
Content-Transfer-Encoding: 7bit
--

Qさん，こんにちは．
いかがお過ごしですか？

よい季節になりましたね．
今度，ドライブに行きましょう．
```

MUAでは，タイトルとして
"季節の挨拶"と表示される

文字コードの指定

ISO-2022-JP

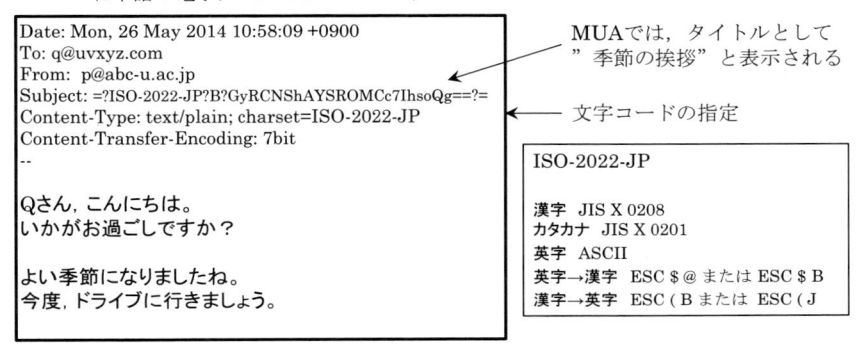

漢字　JIS X 0208
カタカナ　JIS X 0201
英字　ASCII
英字→漢字　ESC $ @ または ESC $ B
漢字→英字　ESC (B または ESC (J

図 14.9　電子メールの文字コード

14.3.2　電子メールの文字コード

図 14.9 は日本語の電子メールのソースコードである．電子メールでは，ASCII コードを基本として使用できる各国の文字コードがそれぞれ定められており，Charset: に本文で使用されている文字コードを記述する．

日本語で電子メールに使用できる文字コードは **ISO-2022-JP** である．コンピュータで使用される日本語コードは UTF コードに統一されつつあるが，電子メールの標準文字コードは UTF ではない．ISO-2022-JP は JIS 規格の文字コードで漢字は JIS X 0208,カタカナは JIS X 0201 である．JIS コードは 2 バイトで 1 文字を表すが，いわゆる半角英数字は ASCII コードを用いており，漢字と英数字が混じる場合はエスケープコードで切り替える．JIS コードが用いられる理由は，電子メールで推奨される文字コードが 7 ビットコードだからである．UTF は 8 ビットコードであるのに対し，JIS コードの各バイトの第 1 ビットはパリティ検査ビットであるため，7 ビットコードである．

ヘッダーは ASCII コードで書く決まりであるが，メールタイトルやメールアドレスの表記で日本語を使用することができる．その場合は，その行に文字コードと ASCII コードに変換された文字列を埋め込む．受信した MUA はそれを解釈して表示するため，画面には日本語が表示される．

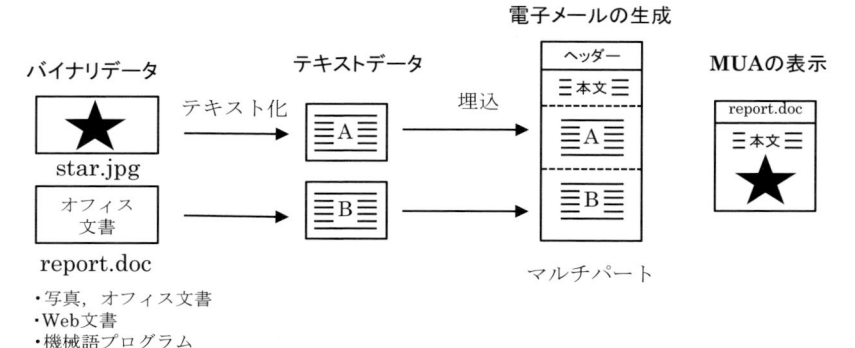

図 14.10　添付ファイル：MIME Multipart

14.3.3　添付ファイル：MIME Multipart

電子メールはこれまで述べたようにメッセージを交換するためにテキストデータを送信するプロトコルである．しかし，電子メールの利用が社会に浸透してくると，写真やオフィスの文書などを送りたい，というニーズが出てきた．これらはテキストデータではないため電子メールの基本的な仕組みでは送信できない．また，日本語や各国の言語を統一的に扱う仕組みも必要になってきた．そこで，**MIME**（Multipurpose Internet Mail Extensions, マイム）が標準化された．添付ファイルは MIME の中では Multipart として規定されている．

コンピュータで扱われるデータのフォーマットは数多く，アプリケーションの文書データのフォーマットはアプリケーションごとに異なっている．MIME は，ファイルをデータフォーマットに関わらずバイナリデータファイルと見なして電子メールに添付するプロトコルである．図 14.10 では星の写真の画像とオフィスの文書を電子メールに添付している．まず，2 つのファイルはそれぞれテキストデータに変換される．次に電子メールは 3 つのパートに分けられ，本文のパートの後の各パートに変換されたデータが埋め込まれる．メールが宛先ユーザーに届けられると，宛先の MUA はパートを解釈して添付ファイル名を表示し，宛先ユーザーがファイルを選択すると元ファイルが復元される．画像や Web 文書では画像や解釈した結果が表示されることもある．

MIME（RFC 2045）

14.3 電子メールのデータ

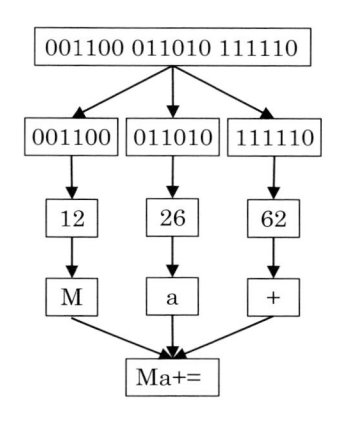

図14.11 バイナリデータのテキスト化：BASE 64

　MIMEで，バイナリデータをテキスト化するのに BASE 64 という変換方式がよく用いられている．BASE 64 では，テキストコードとして ASCII コードを用いている．ASCII コードは8ビットであるが，最初の1ビットはパリティ検査ビットであるため，実質的には7ビットである．さらに，ASCII コードには，エスケープやベルを鳴らすなどの制御コードも含まれているため，テキスト端末に表示できる文字はさらに少ない．そこで ACII コードの中からアルファベットの大文字A〜Z，小文字a〜z，数字0〜9，＋，−を選ぶと合計で64個となる．これらの文字数字記号を並べて0〜63を割り当てると，6ビットのバイナリデータに対応付けられる．

　図14.11は，BASE 64 でバイナリデータを変換する例を示している．変換したいバイナリデータを6ビットごとに区切り，定められた英数字に割り当てる．さらに最後に文字列長の長さを調整するための＝を付加する．このように対応づけることによりバイナリデータは ASCII コードのテキストデータとして電子メールで送信することができる．

第 14 章　電子メール

電子メールのソースコード

```
Date: Mon, 26 May 2014 10:58:09 +0900
To: q@uvxyz.com
From: p@abc-u.ac.jp
Subject: Season's Greetings
Content-Type: Multipart/Mixed; boundary=BOUNDARY-A
Content-Transfer-Encoding: 7bit

--BOUNDARY-A
Content-Type: Text/Plain
Content-Transfer-Encoding: 7bit

Hello q, how are you?

The most beautiful season has come.
Let's go out for a drive before long.

--BOUNDARY-A
Content-Type: Image/Gif; name="star.jpg"
Content-Transfer-Encoding: base64

4AAQSkZJRgABAQEASABIAAD2wBDAAYEBQYFBAYGBQYH
BwYIChAKCgkJChQODwwQFxQYGBcUFhYaHSUfGhsjHBYWI
CwgIyYnKSopGR8tMC0oMCUoKSj/　以下略

--BOUNDARY-A--
```

←──バウンダリー文字の指定

本文

添付ファイル

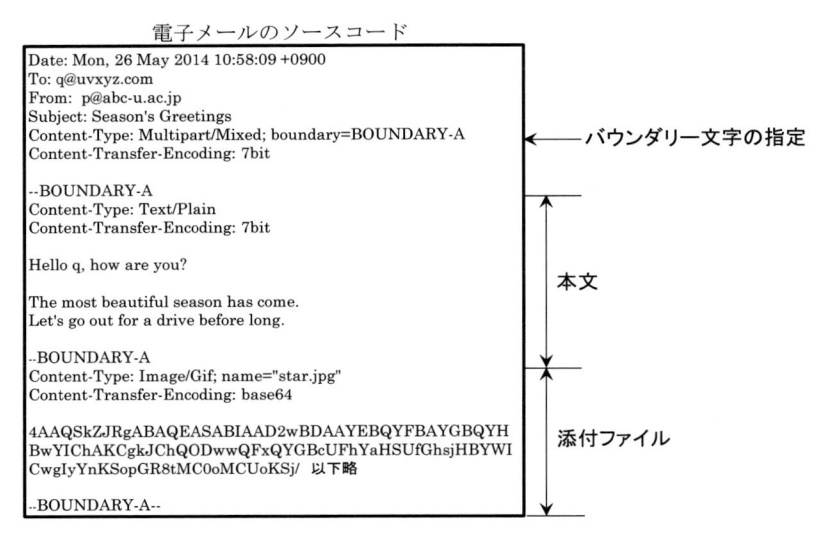

図 14.12　添付ファイルを含む電子メールの構造

　図 14.12 は，添付ファイルを含む電子メールのソースコードである．まず，ヘッダーの Content-Type: でマルチパートであることを宣言し，さらに各パートを区切る文字列を __BOUNDARY-A と定義している．メールの本体はこの文字列で 2 つのパートに区切られ，最初のパートには本文が埋め込まれている．次のパートが添付ファイルである．

　MIME は電子メールをマルチパート化しバイナリデータをテキストデータに変更するが電子メールの送受信には関わらないため，OSI 6 層に分類される．また，MIME では添付するファイルの種類や内容にはまったく関知しない．そのため，画像，音声，各種アプリケーションのデータなど，どんなバイナリファイルでも添付することができる．機械語プログラムも添付できるため，コンピュータウイルスの拡散手段として悪用されたこともある．

　電子メールはファイルを添付することにより肥大化し，電子メールサーバーやネットワークに負荷をかける．送信する電子メールのサイズに注意し，その時々のコンセンサスに従ったサイズの電子メールを送信するべきである．

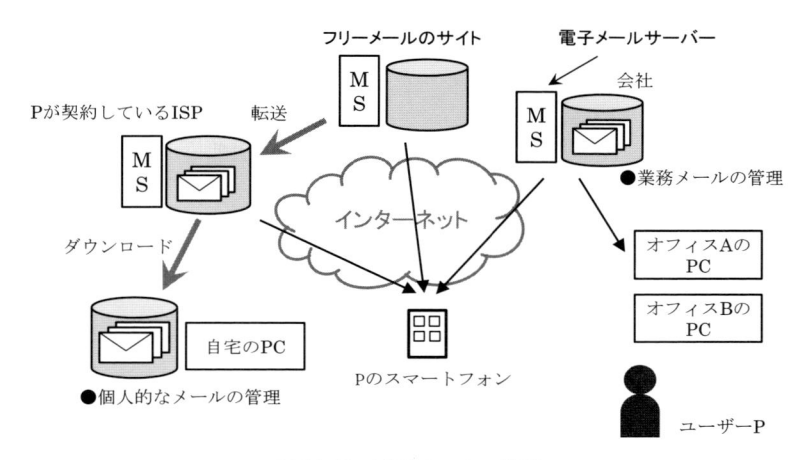

図 14.13　電子メールの管理

14.4　電子メールの管理：IMAP

　電子メールを使用するとき，ユーザーは迷惑メールや不要なメールを削除し，重要なメールは分類して保管する．キーワードなどを設定して自動的に分類する**フィルタリング**もよく使用される．このような作業が電子メールの管理である．しかし，私たちは日常生活のさまざまな場面で電子メールを読み書きしており，使用している電子メールサーバーも1つではない．送信したメールのコピーや受信したメールをどこでどのように管理すればよいだろうか．

　図 14.13 のユーザー P は，個人的に契約している ISP 以外に，Web サイトにユーザー登録をしてフリーメールを使用している．また，勤務先の会社では会社の電子メールサーバーを使って仕事をしている．個人的なメールは家の PC で，仕事のメールはオフィスの PC で読み書きし，緊急の場合はどのメールもスマートフォンで読み書きする．

　個人メールに関しては，ユーザー P は転送機能を利用して契約している ISP にメールを集め，ISP から自宅の PC にダウンロードして電子メールを管理している．しかし会社では使用する PC が1ヶ所ではないため，POP でダウンロードするとメールが分散してしまい管理が難しくなる．このような場合は電子メールをサーバーで整理，保管するのが便利である．

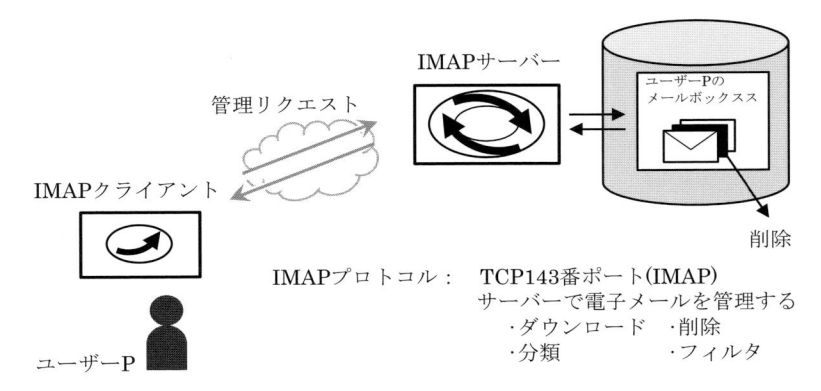

図 14.14 電子メールの管理：IMAP

　POP は，電子メールをダウンロードするときにそのメールをサーバーに残すか削除するかを選択することはできるが，電子メールをサーバーで管理する機能はもっていない．それに対して，**IMAP**（Internet Mail Access Protocol, アイマップ）は，電子メールをクライアントで読むと同時に電子メールサーバーでメールを管理するプロトコルである．

　図 14.14 に示すようにクライアントのリクエストに対し，IMAP サーバーはメールのタイトルリストを返信する．ユーザーがリストで削除を指定すれば，メールはサーバーから消去される．読みたいメールを選択すると，電子メールの本文と添付ファイルのリストが送信され表示される．この時点では添付ファイルはまだダウンロードされておらず，選択するとダウンロードが始まるため，不要なダウンロードはされない．電子メールの分類，タイトルや送信者によるフィルタリングも可能である．このようにして，IMAP を用いると電子メールサーバーに保管されたメールを管理できる．これによりメールデータが分散しないばかりでなく，環境があればいつでもどこからでも電子メールの管理ができる．さらに，迷惑メールにはコンピュータウイルスが添付されていることがあるため，一括ダウンロードする場合に比べて感染するリスクが大幅に軽減される．このような電子メールサーバーでの電子メール管理は IMAP に対応した MTA，MUA を使用する方法の他，Web メールでも行うことができる．

IMAP4（RFC 3501）

〈14章の課題〉

14.1 次の用語を説明しなさい．
　　(1)　MTA と MUA
　　(2)　SMTP
　　(3)　POP
　　(4)　ISO-2022-JP
　　(5)　MIME
　　(6)　IMAP

14.2 調査：電子メールのソースコードとサイズ
　　(1)　適当な日本語の文章を作り，それを本文として電子メールを自分宛に送り，ソースコードを見て電子メールのヘッダーや構造を確認しなさい．
　　(2)　文章をオフィス文書にして保存しなさい．本文なしの電子メールに添付して自分宛に送り，(1)の電子メールとサイズを比較しなさい．

14.3 調査：添付ファイル
　　(1)　数文字程度の ASCII テキストのバイナリコードを書きなさい．それを BASE64 で変換しなさい．
　　(2)　(1)のテキストをテキストファイルに保存し，電子メールに添付して自分宛に送りなさい．ソースを表示して(1)の結果と比較しなさい．

14.4 調査：電子メールサーバー
　　使用している電子メールアドレスのドメイン名から電子メールサーバーの名前と IP アドレスを調べなさい．
　　UNIX/Mac: dig mx ＜ドメイン名＞

15 WWW

章の要約

　　WWW は最も活用されているインターネットサービスである．本章では，基本的な内容として URI，HTML，HTTP 通信について述べ，さらにプログラムとの関連について述べる．

15.1　WWW の概要

WWW（World Wide Web，略して Web，**ウェブ**）は世界中に広がったクモの巣という意味で，情報検索サービスとして発表された後，急速に普及し，インターネットの代名詞ともいえるサービスとなった．

　インターネットに情報を公開している拠点を **Web サイト**といい，公開している情報を**コンテンツ**という．Web サイトはコンテンツを公開しており，ユーザーはコンテンツを簡単な操作で検索できる．　WWW は，ユーザーの側からいえば情報検索システムであり，サイトの側からいえば情報を広報するシステムであるといえる．

　図 15.1 に示すように，WWW は **HTTP** というアプリケーションプロトコルに基づくクライアント・サーバーシステムで構築されている．サーバーは **Web サーバー**，クライアント側のネットワークアプリケーションは **Web ブラウザー**と呼ばれている．代表的な Web サーバーソフトとして Apache，Web ブラウザーに Firefox，Google Chrome，Safari，IE などがある．

　Web サーバーは情報を Web ページとして公開し，Web ブラウザーは URI で指定された Web ページを取得して画面に表示する．Web ページの実体は

15.1 WWWの概要

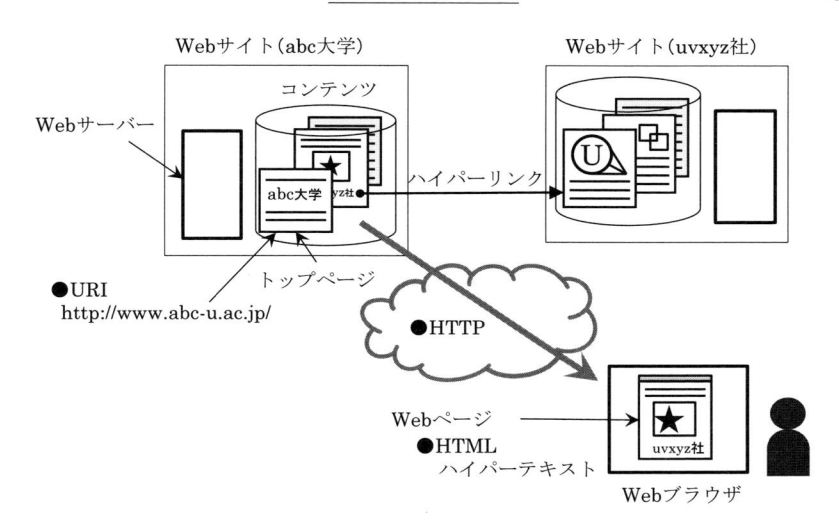

図15.1 WWWとハイパーリンク

HTMLという言語で書かれたテキストファイルである．Webページの単語や画像はインターネット上にある他のサーバーのWebページへ関連づけられており，Webブラウザーに表示された画面をマウスでクリックすると他のWebページが表示される．この関連づけを**ハイパーリンク**という．

また，FTPのファイル転送ではFTPサーバーにユーザー登録がなければダウンロードはできなかったが，WWWは公開されたファイルを取得する仕組みであるためユーザー登録をする必要がない．そこで，ユーザーは自由にリンクをたどってさまざまなサイトから情報を入手することができる．

Webサイトで提供されるのは情報だけではない．数学の計算サイトにアクセスすると高度な計算をしてもらえ，グラフが表示される．車のドライブや列車の案内サイトでは，推奨ルートや所用時間や距離，料金が表示される．スマートフォンの利用明細，ネットショッピングで提供されるのはデータベース処理と計算の結果である．これらのサイトでは処理や計算結果，データを提供している．このようにWWWはコンピュータ処理の機能をインターネットで提供するシステムでもある．WWWの標準仕様はW3C (WWW Consortium) が取りまとめている．

| スキーム://ホスト名:ポート番号/ファイルの相対パス名 |

WWW　　　　　　http://www.abc-u.ac.jp:80/ index.html
　　　　　　　　　http://www.abc-u.ac.jp/　（省略形）
　　　　　　　　　https://www.uvxyz.com/shopping/
ファイル転送　ftp://www.opensrc.org/niceapp/src000.tar
ファイル表示　file://localhost/test.txt

その他　　　　　file:///test.txt（省略形）

　　　電子メール　　mailto:p@abc-u.ac.jp

図 15.2　URI のフォーマット

15.2　URI とファイルの公開

15.2.1　URI

Web ページの所在を表すには URI を用いる．**URI**（Uniform Resource Identifier）は，Web ページだけでなく，電子メールアドレスや一般のファイルなどのインターネット上の資源を表す統一形式である．図 15.2 に URI のフォーマットと例を示す．最初の部分は**スキーム**と呼ばれ，プロトコル名や URI が指しているものの種類を表している．Web ページの場合は，WWW のアプリケーションプロトコル HTTP を小文字で表記する．スキームの後のフォーマットはスキームによって決まっている．

http の場合"://"を挟んで Web サーバーのホスト名を記述する．しかし，Web サーバーは運用上，別のコンピュータに置き換えられることがあり，そのたびに URI を変更するのは広報が難しい．そのため，図 15.2 の例のように，本来のホスト名とは別に www.abc-u.jp などの別名を付ける．このようにするとホストが代わっても URI は変える必要がない．別名の情報は DNS サーバーのネーム DB の **CN レコード**に記述され，Web ページをアクセスするとき，実際に稼働している Web サーバーの IP アドレスに名前解決される．ホスト名の後には":"を挟んでポート番号が記述される．ウェルノウンポートは省略できる．ポート番号の後は"/"を挟んで公開されている Web ページのファイル名が続く．なお，URI は，URL やホームページのアドレス（誤用）と呼ばれることもある．

15.2 URIとファイルの公開

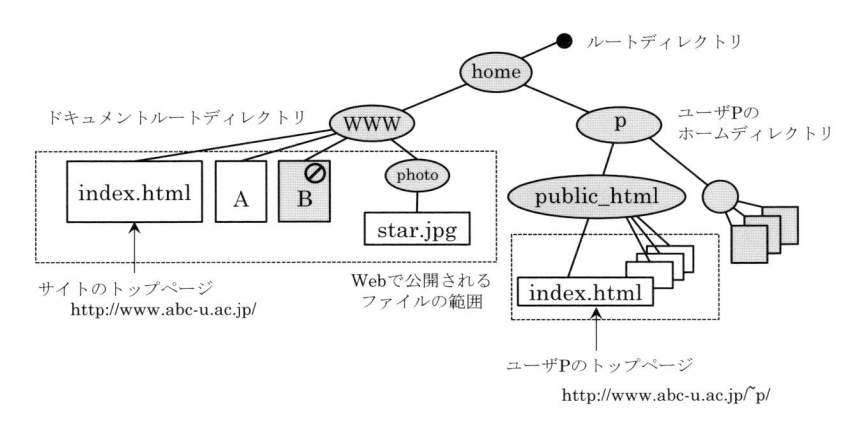

図15.3 ファイルの公開

15.2.2 ファイルの公開

図 15.3 は Web サーバーのファイルシステムを示している．Web サーバーでは，ファイルシステムの中に**ドキュメントルートディレクトリ**が設定され，サイトが公開している Web ページや画像データなどのファイルが置かれている．その中で index.html がトップページである．URI や Web ページのファイル中では，公開ファイルはドキュメントルートディレクトリからの相対パス名で記述されている．

また，各サイトでは "public_html" のようなユーザー用ディレクトリが定められており，ユーザーがファイルを公開する場合はホームディレクトリの public_html に公開したいファイルを置く．このようにインターネット上の公開ファイルはサーバーのホスト名と相対パス名を組合せで表される．

公開範囲にあるファイルには，トップページからリンクをたどるか，**サイトマップ**と呼ばれるリンクをまとめたページからアクセスすることができるが，すべてが公開されるわけではない．UNIX のファイルシステムでは各ファイルに許可モードが設定でき，図 15.3 のファイル B のように第三者読み込み不可に設定あるファイルは公開されない．逆にトップページやサイトマップからリンクしていなくても公開範囲にある読み込み可のファイルは，検索サイトでリストアップされる可能性があるため Web ページの公開作業は注意が必要である．

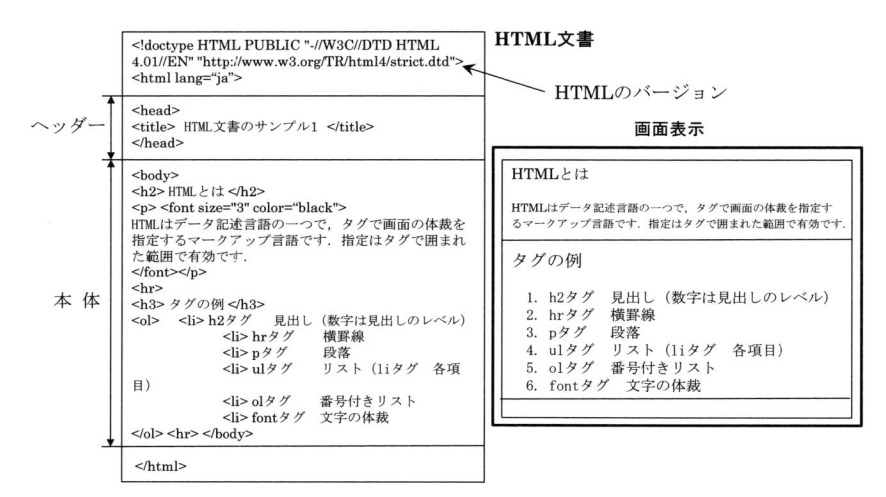

```
                    ┌─────────────────────────────────────────┐
                    │ <!doctype HTML PUBLIC "-//W3C//DTD HTML │    HTML文書
                    │ 4.01//EN" "http://www.w3.org/TR/html4/strict.dtd">
                    │ <html lang="ja">                        │←─── HTMLのバージョン
         ┌──────────┤                                         │
         │          │ <head>                                  │
 ヘッダー  │         │ <title> HTML文書のサンプル1 </title>      │    画面表示
         │          │ </head>                                 │
         └──────────┤                                         │   ┌─────────────────────────────────────┐
                    │ <body>                                  │   │ HTMLとは                            │
                    │ <h2> HTMLとは </h2>                     │   │ HTMLはデータ記述言語の一つで，タグで画面の体裁を指定す │
                    │ <p> <font size="3" color="black">       │   │ るマークアップ言語です．指定はタグで囲まれた範囲で有効です．│
                    │ HTMLはデータ記述言語の一つで，タグで画面の体裁を│   │                                     │
                    │ 指定するマークアップ言語です．指定はタグで囲まれ │   │ タグの例                            │
                    │ た範囲で有効です．                       │   │  1. h2タグ  見出し（数字は見出しのレベル）│
                    │ </font></p>                             │   │  2. hrタグ  横罫線                  │
                    │ <hr>                                    │   │  3. pタグ   段落                    │
         ┌──────────┤ <h3> タグの例 </h3>                     │   │  4. ulタグ  リスト（liタグ  各項目）  │
  本 体   │         │ <ol>    <li> h2タグ  見出し（数字は見出しのレベル）│   │  5. olタグ  番号付きリスト            │
         │          │         <li> hrタグ      横罫線         │   │  6. fontタグ 文字の体裁             │
         └──────────┤         <li> pタグ       段落           │   └─────────────────────────────────────┘
                    │         <li> ulタグ      リスト（liタグ   各項│
                    │ 目）                                    │
                    │         <li> olタグ      番号付きリスト   │
                    │         <li> fontタグ    文字の体裁       │
                    │ </ol> <hr> </body>                      │
                    │                                         │
                    │ </html>                                 │
                    └─────────────────────────────────────────┘
```

図 15.4　HTML 文書の例

15.3　WWW データの記述

15.3.1　HTML

　Web ページは **HTML**（HyperText Markup Language）で記述されている．HTML はデータを記述するためのコンピュータ言語で，WWW で情報を見やすく表示するために開発された言語である．まず，HTML では，情報を表す文章とともに，段落，箇条書き，フォントなどが指定できる．この指定をマークアップといい，HTML は，出版で用いられる TeX とともに**マークアップ言語**の 1 つである．HTML で書かれたファイルは HTML 文書と呼ばれ，ファイル名に html という添字が付けられる．Web ブラウザーは HTML 文書を解釈して画面に表示している．

　図 15.4 に HTML 文書と Web ブラウザーの出力画面を示す．HTML ではマークアップするために"<"と">"で囲まれた**タグ**を使用する．ただし，タグの大文字小文字は区別されない．また，＜tag＞と＜/tag＞のようにペアのタグで囲んでブロック構造を表す．全体は＜html＞と＜/html＞で囲まれており，その中に＜header＞と＜/header＞で囲まれたヘッダーと＜body＞と＜/body＞で囲まれた本体が含まれている．ヘッダーには，文書のタイトルや文字コードが記述され，本体には画面に表示される内容が体裁の指定とともに記述されている．また，フォーム機能を用いるとユーザーの入力画面が記述できる．

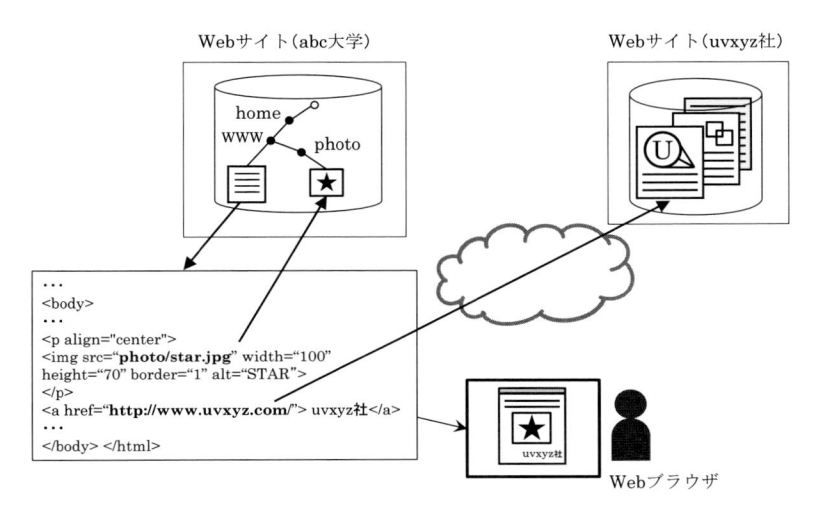

図 15.5　画像の埋込みとハイパーリンク

15.3.2　ファイルの参照とハイパーリンク

　HTML 文書で画像を参照するには，img タグを使用する．図 15.5 の例で，
＜img src="photo/star.jpg" width="100" height="70" border="1" alt="STAR"＞
は，photo/star.jpg という画像ファイルの表示を指定している．width と height で表示領域の大きさを指定し，border で境界に枠を付けるように指定している．Web ブラウザーが画像を表示できない場合には alt で指定された STAR という単語を表示させる．

　また，他のサーバーのファイルへのハイパーリンクは a タグで記述する．
　＜a href="http://www.uvxyz.com/"＞uvxyz 社＜/a＞
は，文中の"uvxyz 社"という名称に"http://www.uvxyz.com/"がリンクされており，名称をクリックすると uvxyz 社の Web サーバーのトップページが表示される．

　実際の Web ページは書式設定ファイル **CSS**（Cascading Style Sheet）などを使った複雑なもので記述するのは大変である．そこで，Web デザイナーは**オーサリングツール**を使って Web ページを作成している．オーサリングツールは GUI で図を書くように Web ページをデザインすると HTML 文書を生成してくれるアプリケーションソフトである．

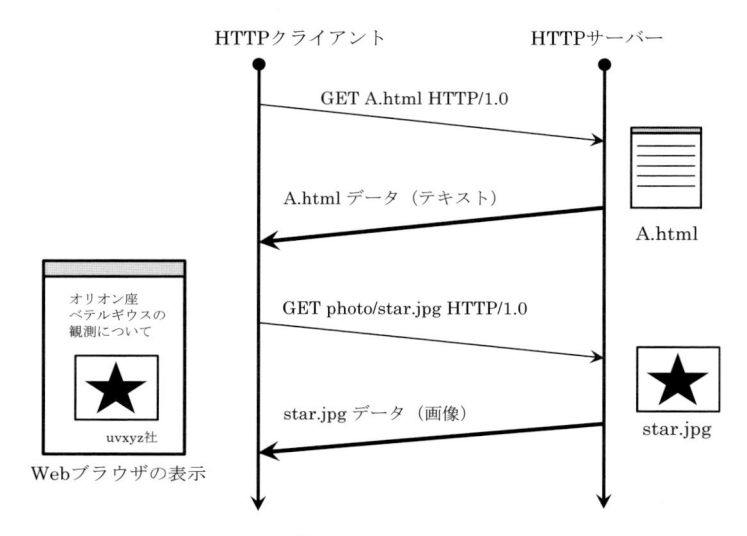

図 15.6 HTTP

15.4 WWW 通信：HTTP

HTTP (HyperText Transfer Protocol) は，TCP80 番ポートを使用してクライアントとサーバー間で Web ページを送受信している．図 15.6 に簡略化した Web ページの取得の様子を示す．HTTP クライアントはまず URI で Web サーバーにアクセスする．その後，HTTP サーバーに GET コマンドで A.html をくださいというリクエストを送信する．HTTP サーバーはそれに対して A.html を返送する．Web ブラウザーがこれを解釈していくと A.html ファイル内には，img タグで画像ファイルが書き込まれている．そこで，HTTP クライアントは star.jpg をくださいというコマンドを HTTP サーバーに送信する．HTTP サーバーが画像ファイルを送信すると，必要なデータが揃ったため，Web ブラウザーは Web ページを表示する．

HTTP コマンドには，GET 以外にオプションを設定する OPTIONS やメッセージヘッダーだけを取得要求する HEAD などのコマンドがある．HTTP クライアントのコマンドに対して，HTTP サーバーはデータ以外に制御情報をコードで返す．たとえば，OK を表すのは 202 である．Web ページのファイルが見つからなかった場の 404 (Not Found) やアクセスが禁止されている場合の 403 (Forbidden) などを Web ページの検索中に見かけることがある．

HTTP/1.1（RFC 7230 〜 7235）

15.4 ＨＴＴＰ

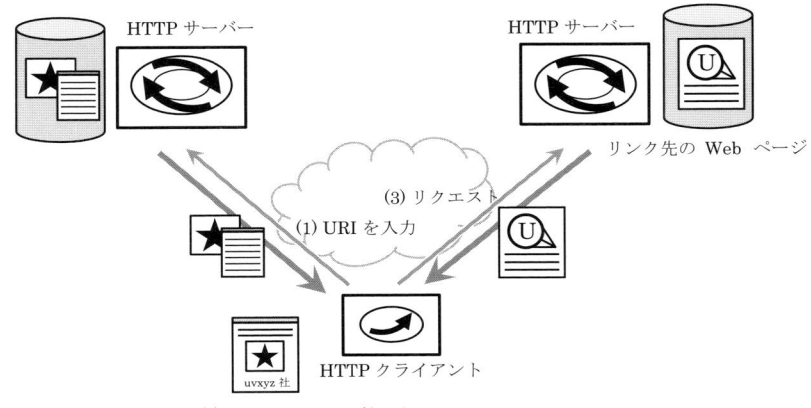

図 15.7 ハイパーリンクによる情報取得

　HTTP では，HTTP1.0 と HTTP1.1 が用いられている．HTTP1.0 では，コマンドの送信や返信のそれぞれで TCP コネクションが張られる．しかし，いちいち TCP コネクションが確立切断されるのは効率が悪いため，HTTP1.1 ではまとまった送受信を１つのコネクションで行う**キープアライブ方式**がとられている．

　ハイパーリンクをたどるとき，同じサイトのページでも別のサイトのページでもマウスクリックで取得できる．そのため，ハイパーリンクを次々とたどって検索をしていくうち最初にアクセスしたサイトを離れ，他のサイトのページにアクセスしていることも多い．このときは，図15.7 に示すように，クライアントはハイパーリンクに記述された URI に対し改めてリクエストを送信しており，リンク元のサーバーとリンク先のサーバーの間では通信が発生しない．そのため，ユーザーがいくらリンクをたどっても Web サーバーの性能に影響することはない．一方，Web サーバーは他からリンクされているかどうかに関係なく，自分の Web ページのファイルの場所を変更できるため，リンクをたどろうとしてクリックしてもページファイルが存在しないということがある．

　なお，HTTP は単純なプロトコルであるが，複雑な Web ページのデータ取得を高速化する **Ajax** や，Web ページの要約によって情報検索を効率化する **RSS フォーマット**などの技術が生まれている．

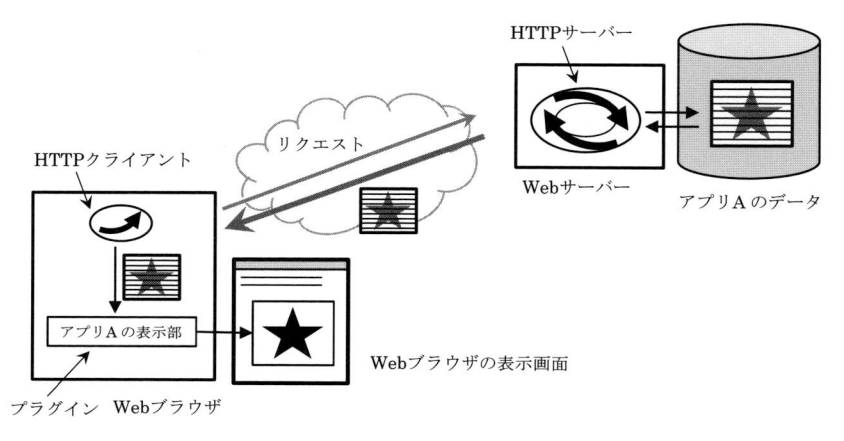

図 15.8　プラグイン

15.5　WWW とプログラム

WWW ではさまざまなサービスが提供されているが，WWW の基本的な仕組みは文字情報の提示とハイパーリンクによる検索だけであり，それ以外の機能は WWW に組み込まれたプログラムによって提供されている．そこで，ここでは WWW で用いられるプログラムについて述べる．

15.5.1　プラグイン

例の HTML 文書の中では，星の画像ファイルを Web ページで表示していた．このファイルを表示しているのは JPEG の表示ソフトで，Web ブラウザーに組み込まれているものである．他の画像フォーマットでも同様な表示ソフトが Web ページで画像を表示している．このように Web ブラウザーの機能を拡張するための組込み用プログラムを**プラグイン**という．商品ソフトウェアでは表示部だけがプラグインとして無償提供され，仕様が公開されている場合が多い．こうして一般的に使われる多数のソフトウェアがプラグインとして Web ブラウザーに組込まれている．なお，ユーザーは各プラグインの有効無効を Web ブラウザーで設定することができる．

15.5.2 クライアントサイドプログラムとサーバーサイドプログラム

　WWWでプログラムを利用する場合，クライアントとサーバーのどちらで動作するかによって2つに分けられる．サーバーで動作するプログラムを**サーバーサイドプログラム**，クライアントで動作するプログラムを**クライアントサイドプログラム**という．　それぞれのプログラムについては15.5.3, 15.5.4で述べるが，ここでは，プログラムについて2つの基本事項を確認しておこう．

　まず，プログラム言語と実行についてである．ユーザーが書くプログラムは**ソースコード**と呼ばれる．ソースコードは**機械語（ネイティブコード）**へ変換され，コンピュータがそれを実行するのであるが，そのステップはプログラミング言語によって異なる．C言語やC++は**コンパイラ言語**と呼ばれ，ソースコードを一括してコンパイルし機械語の実行ファイルを生成する．実行ファイルを起動するとプログラムが動作する．実行ファイルは機種によって異なるため，他の機種のコンピュータでは動作しない．それに対して，PerlやJavaScriptは**スクリプト言語**と呼ばれ，**インタープリタ**というソフトがソースコードを逐次コンパイル，すなわち1行ずつ読み込んで機械語に変換しながら実行する．そのため，コンパイラ言語で生成した実行ファイルの処理速度に比べると実行速度は遅い．しかし，実行する機種でコンパイルするため機種が異なっても実行できる．Java言語の場合には，一括コンパイルによって中間的なコードであるバイトコードが生成される．Javaのインタープリタはバイトコードを機械語に変換しながら実行するため，コンパイラ言語よりは遅いがスクリプト言語よりは速く，機種が異なっても実行できる．

　次は，並列実行についてである．プログラムを実行するときはプロセスが生成されるが，プロセスは生成に時間がかかりメモリを必要とするため，多くのプログラムを同時に実行するとメモリも処理時間もかかる．しかし，1つのプログラム内の場合は，プロセスの代わりに**スレッド**を生成して並列処理を行うことができる．スレッドはメモリを独立に確保せず生成にかかる時間も速いため，同じ動作を並列に実行するときは，1つのプログラム内でマルチスレッドを用いて実行した方が高速である．

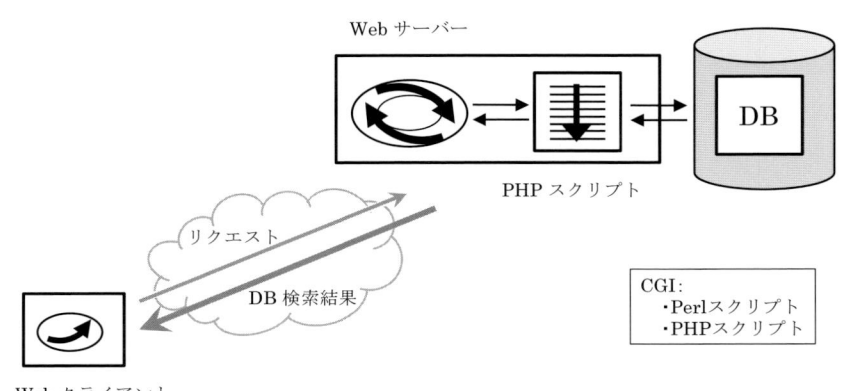

図 15.9　サーバーサイドプログラムと PHP

15.5.3　サーバーサイドプログラム

　訪問したユーザー数を表示したアクセスカウンターを掲載しているサイトをよく見かける．ユーザーのアクセス数はサーバーが収集する情報であるため，アクセスカウンターはサーバーサイドプログラムとして作成され，Perl などのスクリプト言語で書かれている．このような Web サーバーで動作するプログラムは **CGI**（Common Gateway Interface）と呼ばれている．CGI を動作させるには，HTML の中で，form タグを使い，下記のような記述をしておく．クライアントからのリクエストがくると，Web サーバーは ACTION に指定された CGI プログラムを実行する．

　　　　＜form method="post" action="/cgi-bin/counter.cgi"＞
チャットや掲示板をなども CGI で作成される．

　本格的なサーバーサイドプログラムでは **PHP**（Hypertext Processor）が用いられる．PHP は Web サーバー向けの Java に似た文法のスクリプト言語で HTML に埋込むことができる．図 15.9 のようにリレーショナルデータベースの管理システム **MYSQL** との連携も便利である．しかし，CGI プログラムは Web サーバーとは別のプログラムであるため，リクエストが集中すると処理が遅くなる．そこで，PHP プログラムを Web サーバー内で起動することによる高速化が図られている．

15.5 WWW とプログラム

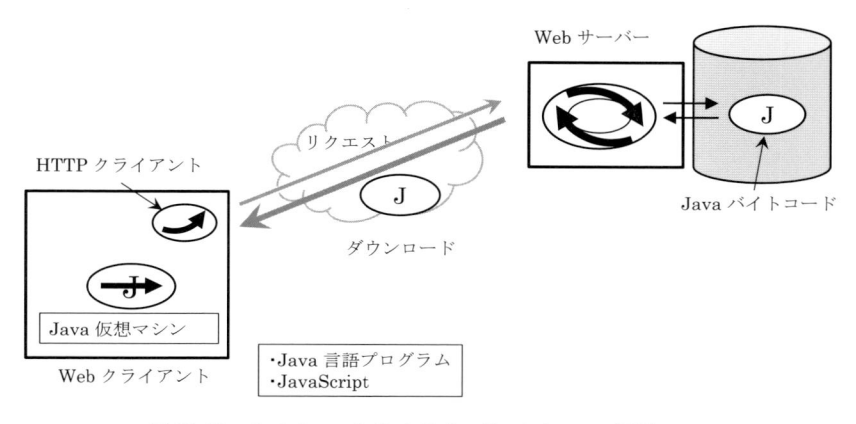

図 15.10 クライアントサイドプログラムと Java 仮想マシン

15.5.4 クライアントサイドプログラム

ユーザーに入力してもらう Web ページで，サーバーにデータを送信する前に入力データをチェックする，というようなプログラムはクライアント側で動作させたい．ほとんどの Web ブラウザーには **JavaScript** のインタープリタが含まれているため，HTML 内に JavaScript でプログラムを書込んでおくと，Web ブラウザーが実行してくれる．JavaScript はクライアントサイドプログラムのために開発されたスクリプト言語である．

本格的なクライアントサイドプログラムでは **Java 言語**が用いられる．プログラムが動作するハードウェアや OS のことを**プラットホーム**と呼ぶが，クライアントのプラットホームは多様であるため，サーバーで生成したプログラムや実行ファイルをクライアントに送ってもコンパイルや実行ができるかどうかはわからない．そこで，図 15.10 のように，サーバーにバイトコードを置き，クライアントに **Java 仮想マシン**をインストールする．Java 仮想マシンはバイトコードを直前に機械語に翻訳して実行するソフトで，これがインストールされていればどんなプラットホームでも Java のプログラムが実行できる．バイトコードを実行するためスクリプト言語に比べて高速である上，コンパイル単位を大きくするなど，通常のインタープリタを超えた高速化が図られている．

なお，JavaScript と Java 言語は全く関係のない言語である．

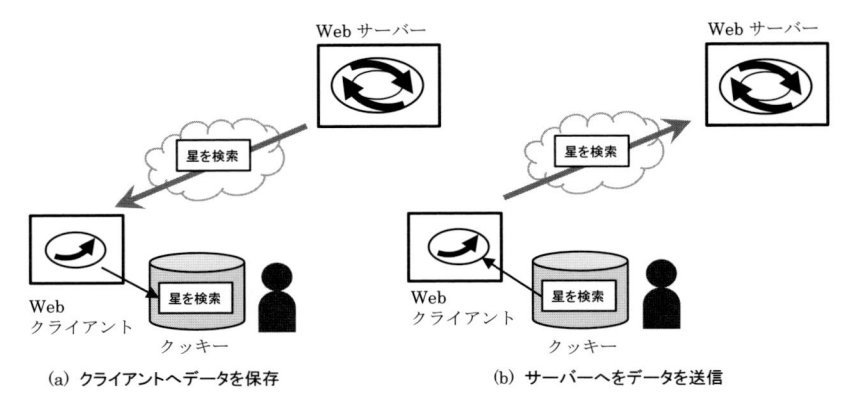

(a) クライアントへデータを保存　　(b) サーバーへをデータを送信

図 15.11　クッキー

15.6　WWWを利用したインターネットサービスの向上

15.6.1　ユーザーデータの保存とクッキー

　Webサーバーからデータをダウンロードするとき，ユーザーは保存する場所を指定して実行ボタンをクリックする．このとき，ファイルはこのユーザーのアクションによって保存され，Webサーバーがクライアントコンピュータにデータを勝手に保存することはできない．その理由は，ユーザーが保存されるデータを確認することによりクライアントコンピュータを守るためである．

　しかし，Webサイトがユーザーへの個別サービスを向上するため各ユーザーの検索履歴などを保存しようとしたとき，いちいちユーザーが保存するのでは使い勝手が悪くなってしまう．かといってWebサーバーでユーザーのデータを保存するにはデータ量が多すぎる．そこで，クライアントでWebサーバーからのデータの書き込みを一括許可する仕組みが**クッキー**（Cookie）である．図15.11に示すように，ユーザーがクッキーを許可するとファイルシステムの特定の場所に各サイトからのデータが自動的に書き込まれ，次に同じサイトにアクセスしたとき，そのデータがサイトに送信される．

　安全のため，ユーザーがURIの入力や検索エンジンで調べるなど意図して訪問したサイトのクッキーは許可し，リンクをたどるうちに移動した別のサイトのクッキーは許可しない，という設定がクライアントでの標準設定である．

15.6 WWW を利用したインターネットサービスの向上

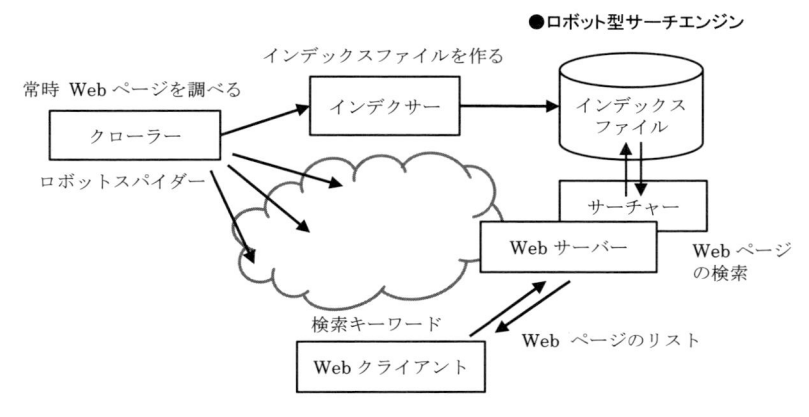

図 15.12 検索エンジン

15.6.2 検索エンジン

初期の情報検索のスタイルは，まず訪問したいサイトの URI を入力してトップページにアクセスし，ハイパーリンクをたどって検索するというものだった．そのため，各サイトはユーザーが覚えやすいドメイン名をつけ，さまざまなメディアで URI を広告した．しかし，ユーザーにとっては URI を入力するよりキーワードで検索してアクセスする方が簡単であるため，検索エンジンが強力になるとキーワード検索が一般的になった．

キーワード検索機能を提供しているのは WWW 自体ではなく，Google 社や Yahoo 社のような情報検索サイトであり，**検索エンジン**（サーチエンジン）というのは情報検索サイトが提供している検索システムのことである．

図 15.12 にロボット型検索エンジンの仕組みを示す．検索エンジンは，クローラー，インデクサー，サーチャーの 3 つで構成され，クローラーは，常にインターネットの公開 Web ページ調べている．Web ページからキーワードを抜き出し，キーワードと URI をインデクサーに渡す．インデクサーはこれの情報をインデックスファイルに追加する．ユーザーが検索サイトでキーワードを入力するとサーチャーがインデックスファイルから Web ページのリストを抜き出す．こうしてユーザーは Web ページのリストを入手することができる．このとき，クローラーは，サイトの公開ファイルをすべて調べるため，リンクしていなくても検索でリストアップされることがある．

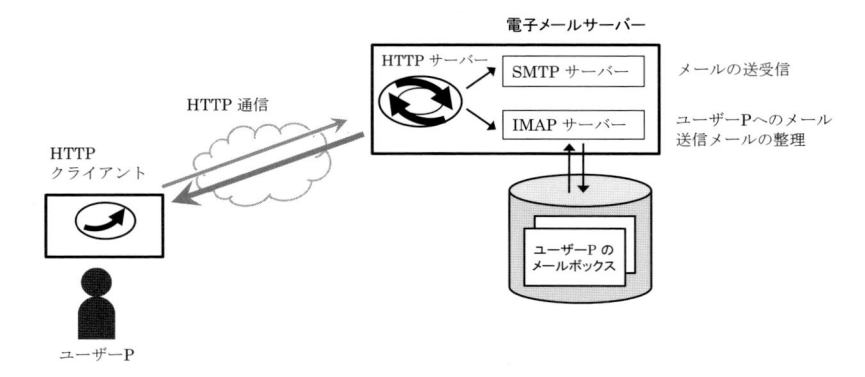

図 15.13 Web メール

15.6.3 Web メール

　情報検索以外のインターネットサービスも WWW と連携させると，Web ブラウザーが使えるクライアントコンピュータがあればいつでもどこでもサービスが受けることができ大変便利である．**Web メール**はユーザーと電子メールサーバーとの通信を HTTP で行う電子メールの仕組みである．

　Web メールの作成方法の一例を図 15.13 に示す．この電子メールサーバーでは，HTTP，SMTP，IMAP の各サーバーが稼働しており，ユーザーとの送受信は HTTP で行っている．ユーザーは Web 画面上に表示されたメールボックスを操作するが，ユーザーのメールボックスは電子メールサーバーにあり，ユーザーが電子メールのタイトルをクリックすると，そのリクエストは HTTP で IMAP サーバーに送られ，IMAP サーバーが返送する電子メールは HTTP でクライアントに送られてくる．電子メールサーバーは各プロトコルが連携して動作できるようにデータを変換している．メールボックスを整理する場合も同様に HTTP と IMAP が連携している．

　ユーザーが電子メールを作成するときは，クライアントサイドプログラムが編集画面を提示し，ユーザーはクライアントの編集画面で作業する．作成した電子メールは HTTP で電子メールサーバーに送信され，SMTP で宛先の電子メールサーバーに送信される．Web メールを使うと 14 章で述べた電子メールの分散やウイルス感染の問題が軽減されるため，多くの ISP や電子メールサービスサイトで Web メールの機能が提供されている．

〈15章の課題〉

15.1 次の用語を説明しなさい．
    (1) WWW
    (2) ハイパーリンク
    (3) HTML
    (4) URI
    (5) HTTP
    (6) プラグイン
    (7) サーバーサイドプログラム／クライアントサイドプログラム
    (8) クッキー
    (9) 検索エンジン
    (10) Webメール

15.2 サイト訪問：W3Cのサイトを訪問し，新着情報を確認しなさい．

15.3 調査：
    (1) WebブラウザーでいろいろなWebページのソースを確認しなさい．
        (a) ヘッダーと本体の構造
        (b) 画像の埋込みやハイパーリンク
    (2) 簡単なHTML文書を作成し，Webブラウザーで表示しなさい．
    (3) Webサーバー
        (a) 12.2を復習し，WebサイトのURIに記述されたドメイン名のTLDとSLDを確認しなさい．
            例）首相官邸，JPNIC, SINET, NHK, UN, IETF, EU, MIT, NASA
        (b) WebサイトのURIから，Webサーバーの実名とIPアドレスを調べなさい．
            UNIX/Mac: dig ＜Webサーバー名＞
        ・ANSWER SECTIONのCNAMEレコードに実名，AレコードにIPアドレスが表示される．

15.4 研究課題：
Webページの公開を試しなさい．

章末課題の略解

3.6 (1) 3Gbit/60sec＝50Mbps，50/8/1.024/1.024＝5.96 MB/s

(2) (a) 2Gbps － 20Mbps － 10Mbps＝1970Mbps

(b) 20/100＝0.2 ∴ 20%

7.2 $2^n = 64$，$n = 6$ ∴ 6 ビット　信号空間ダイヤグラムは省略

8.4 (1) 172.16.0.0　　10101100 00010000 00000000 00000000

(2) 255.240.0.0　　11111111 11110000 00000000 00000000

(3) $2^{20} － 2 = 1048574$ 個

(4) $2^3 < 10 < 2^4$　∴　4bit

9.6 IP に渡されるペイロードは $4 \times 1024 + 8 = 4104$ オクテット
IP パケットに含まれるデータの最大サイズは，$1000 － 20 = 980$
$4104/980 ≒ 4.19$　∴ パケット数は 5 個
初めの 4 つの IP パケットは 1000 オクテット，残りの 1 つは，
$4104 － 980 \times 4 + 20 = 204$ オクテット

10.7 (1) MSS ＝$1500 － 40 = 1460$ オクテット，
5 MB /1460 octet＝5×1024^2 / $1460 ≒ 3591.01$　∴　3592 個

(2) TCP 通信の場合　$1000 + 20 + 20 + 26 = 1066$ オクテット
UDP 通信の場合　$1000 + 8 + 20 + 26 = 1054$ オクテット

10.7 (3) 最初の IP パケットは 1500 オクテット，最後の 1 つは，
$5 \times 1024^2 － 1460 \times 3591 + 20 + 20 = 60$ オクテット

11.4 I-F-S-E 3 ホップ

11.5 I-F-H-G-E 4 ホップ

参 考 図 書

〈読み物〉
1. 村井純：インターネット，岩波新書，1995
2. 村井純：インターネット新世代，岩波新書，2010
3. C. Stoll（池央耿訳）：かっこうはコンピュータに卵を産む（上下），草思社，1991

〈技術解説書（初心者向け）〉
4. 竹下隆史，村山公保，荒井透，苅田幸雄：マスタリング TCP/IP 入門編，オーム社，2012
5. 植村友彦：よくわかる通信工学，オーム社，1995
6. K. Reichard, E. Foster-Johnson（武藤健志監修，トップスタジオ訳）：独習 UNIX，翔泳社，2007
7. 田谷文彦，三澤明：UNIX コマンドブック，ソフトバンククリエイティブ，2013
8. 竹下恵：パケットキャプチャー入門，リックテレコム，2014
9. 雪田修一：UNIX ネットワークプログラミング入門，技術評論社，2003

〈技術解説書〉
10. P. Miller（苅田幸雄訳）：マスタリング TCP/IP 応用編，オーム社，1998
11. W. R. Stevens（橘康雄，井上尚司共訳）：詳解 TCP/IP〈Vol.1〉プロトコル，ピアソン・エデュケーション，2000
12. A. S. Tanenbaum and D. J. Wetherall（水野忠則ほか共訳）：コンピュータネットワーク，日経 BP，2013
13. C. Hunt（村井純ほか共訳）：TCP/IP ネットワーク管理，オライリー・ジャパン，2003
14. S. J. Leffer ほか（中村明，相田仁共訳）：UNIX4.3BSD の設計と実装，丸善出版，1991
15. W. R. Stevens（篠田陽一訳）：UNIX ネットワークプログラミング〈Vol.1〉ネットワーク API・ソケットと XTI，トッパン，2000
16. M. Gast（小野良司，渡辺尚監修，林秀幸訳）：802.11 無線 LAN ネットワーク管理，2006
17. 繁野麻衣子：ネットワーク最適化とアルゴリズム，朝倉書店，2010

関連サイト

〈管　理〉
IANA（Internet Assigned Numbers Authority）　https://www.iana.org/
JPNIC（Japan Network Information Center）　http://www.jpnic.ad.jp/
JPRS（Japan Registrer Service）　http://jprs.jp/

〈標準化〉
ISO（Internatiocal Organization for Standardization）　http://www.iso.org/
IETF（Internet Engineering Task Force）　http://www.ietf.org/
IEEE（The Institute of Electrical and Electronics Engineers）　http://www.ieee.org/
IEEE 802 Committee（IEEE 802 LAN/MAN Standards Committee）
　　　http://www.ieee802.org/
ITU-T（International Telecommunication Union - Telecommunication Standardization Sector）　http://www.itu.int/ITU-T/
Wi-Fi ALLiance（Wireless Fidelity ALLiance）　http://www.wi-fi.org/
WWW:W3C（World Wide Web Consortium）　http://www.w3.org/

〈ネットワーク〉
WIDE（Widely Integrated Distributed Environment）　http://www.wide.ad.jp/
SINET（Science Information NETwork）　http://www.sinet.ad.jp/
IIJ（Internet Initiative Japan）　http://www.iij.ad.jp/
JPIX（Japan Internet Exchange）　http://www.jpix.ad.jp/

索　引

〈英名・数字〉

3 ウェイハンドシェイク	*120*
3G/4G	*77*
ACK(アック)	*80*
AODV	*143*
API	*159*
ARP	*104, 107*
ARPAnet	*9*
AS	*26*
AS パスリスト	*141*
AS 番号	*13, 140*
BASE64	*179*
BGP	*141*
Bluetooth	*76*
bps	*36*
B/s	*36*
CGI	*194*
CN レコード	*186*
CSMA/CD	*75, 84*
CSS	*189*
CUI	*160*
DHCP	*152, 153*
DNS	*148*
DNS サーバー	*148*
EGP	*131*
Ethernet(イーサネット)	*52, 64*
FCS	*60*
FTP	*165*
GUI	*160*
HAN(ハン)	*23*
HTML	*188*
HTTP	*190*
IAB(アイエービー)	*12*
IANA(アイアナ)	*13*
ICANN(アイキャン)	*12*
ICMP	*108*

ICMP パケット	*111*
IEEE(アイトリプルイー)	*12*
IEEE 802 委員会	*12*
IEEE 802.2	*64*
IEEE 802.3	*64*
IEEE 802.2/3 Ethernet	*64*
IEEE 802.11b/g/a/n/ac	*79*
IEEE 802.11WG	*79*
IETF	*12*
IGP	*131*
IMAP(アイマップ)	*182*
Internet	*2*
IP	*89*
IP アドレス	*13, 29, 90*
IP フラグメンテーション	*110*
IP マスカレード	*151*
IPv4	*89*
IPv6	*89, 101*
ISO(イソ)	*44*
ISOC(アイソック)	*12*
ISO-2022-JP	*177*
ISP	*6*
ITU-T	*77*
IX	*26*
Java 仮想マシン	*195*
JavaScript	*195*
JPNIC(ジェイピーニック)	*13*
L2 スイッチ	*19, 47*
L3 スイッチ	*19, 47*
L2/L3 スイッチ	*19*
LAN(ラン)	*23*
LLC 副層	*55*
MAC	*55*
MAC アドレス(マックアドレス)	*29, 53*
MAC アドレス解決	*107*
Maildir 形式	*174*
MAN(マン)	*23*

索　引

MANET(マネット) ･･････････････････ 87
Mbox 形式(エムボックス) ･････････････ 174
MIME(マイム) ･････････････････････ 178
MSS ･･･････････････････････････ 121
MTA ･･･････････････････････････ 171
MTU ･･･････････････････････････ 57
MUA ･･･････････････････････････ 171
MX レコード ･･･････････････････････ 170
NAPT(ナプト) ･････････････････････ 151
NAT(ナット) ･････････････････････ 151
NIC(ニック) ･･････････････････････ 17
NRZI 符号化 ･･･････････････････････ 69
OFDM ･････････････････････････ 83
OS ･･･････････････････････････ 3
OSI 参照モデル ･･････････････････ 8, 44
OSPF ･････････････････････････ 136
OUI ･･････････････････････････ 13, 54
PAN(パン) ･･･････････････････････ 23
PHP ･･････････････････････････ 194
POP(ポップ) ･･････････････････････ 175
PSK ･･････････････････････････ 82
QAM ･････････････････････････ 82
RFC ･･････････････････････････ 12
RIP(リップ) ･･･････････････････････ 132
RJ45 ･････････････････････････ 67
RTS/CTS ･･･････････････････････ 85
RTT ･･････････････････････････ 109, 124
SCP ･･････････････････････････ 165
SFTP ･････････････････････････ 165
SINET(サイネット) ･････････････････ 25
SLD ･･････････････････････････ 146
SMTP ･････････････････････････ 172
SSH ･･････････････････････････ 163
TCP ･･････････････････････････ 117
TCP セグメント ･････････････････････ 119
TCP/IP の階層モデル ･･････････････････ 45
TCP/IP プロトコルスィーツ ･････････････ 8
TELNET(テルネット) ･･････････････････ 163
TLD ･･････････････････････････ 146
ToS ･･････････････････････････ 103
TTL ･･････････････････････････ 103, 105
UDP ･････････････････････････ 113
URI ･･････････････････････････ 186

URL ･･････････････････････････ 186
VLAN(ブイラン) ･････････････････ 73
VPN ･････････････････････････ 154
VT ･･････････････････････････ 162
WAN ････････････････････････ 23
W3C ････････････････････････ 185
Web サーバー ･･･････････････････ 4, 184
Web サイト ････････････････････ 184
Web ブラウザ ･･･････････････････ 2, 184
Web メール ･･･････････････････ 168, 198
WIDE(ワイド) ･･････････････････ 10
Wi-Fi(ワイファイ) ･･･････････････ 79
Wi-Fi Alliance ･･････････････････ 79
WPAN ･･･････････････････････ 76
WWW ･･･････････････････････ 184

〈ア　行〉

アクセスポイント ･････････････････ 18
アクセスルーター ･････････････････ 19
宛先ホスト ･････････････････････ 28
アドホックネットワーク ･･････････････ 87
アドレス空間のサイズ ･･･････････････ 93
アノニマス FTP ･････････････････ 166
アプリケーションソフトウェア ･････････ 3
誤り制御 ･･････････････････････ 35
インターネット ･･･････････････････ 2
インターネットサービス ･････････ 2, 156
インターネット端末 ･･････････････ 17
インターネットパラメータ ･････････ 13
インターフェース ･･･････････････ 44
ウェルノウンポート ･･････････････ 114
エンティティ ･･････････････････ 44
オクテット ･･････････････････ 36
オーサリングツール ･･････････････ 189
オープンリレー ･･････････････････ 173

〈カ　行〉

回線交換システム ･････････････････ 33
開放型システム間相互接続参照モデル ･･･ 44
隠れ端末問題 ･･･････････････････ 85
カスケード接続 ･････････････････ 70
仮想端末 ･･････････････････････ 162
可用帯域 ･･････････････････････ 40

索　引　　　207

キャッシュ………………………… 107
キャンパスネットワーク……………… 22
境界ルーター　　…………………… 26
距離ベクトルDB ………………… 134
クッキー…………………………… 196
クライアントサイドプログラム………… 193
クライアント・サーバーモデル……… 148, 158
クラスアドレス…………………… 94
クロスケーブル…………………… 67
グローバルIPアドレス　…………… 92
経路制御…………………………… 106
経路制御プロトコル………………… 130
経路選択…………………………… 106
経路MTU ………………………… 111
経路MTU探索…………………… 111
ゲートウェイホスト………………… 24
ケーブルイーサネット……………… 64, 66
検索エンジン……………………… 197
高信頼性通信……………………… 34, 116
国際標準化機関…………………… 44
コネクション型通信………………… 34
コリジョン………………………… 62
コンテンション方式………………… 62
コンテンツ………………………… 184

〈サ　行〉

最小コスト経路…………………… 137
再送タイムアウト………………… 124
最大通信帯域……………………… 39
最大転送単位……………………… 57
サイトマップ……………………… 187
サーバーサイドプログラム………… 193
サブドメイン……………………… 146
サブネット………………………… 89
サブネットマスク………………… 97
さらし端末問題…………………… 85
シーケンス番号…………………… 121
巡回符号…………………………… 60
自律システム……………………… 26
スイッチングハブ………………… 18, 70
スキーム…………………………… 186
ステーション……………………… 53
ストリーミング通信……………… 37

ストレートケーブル……………… 67
スパニングツリー………………… 72
スライディングウィンドウ方式…… 122
スループット……………………… 38
スロースタート…………………… 127
静的ルーティング………………… 130
セカンダリーサーバー…………… 170
セッション………………………… 45
全二重通信………………………… 58
送信元ホスト……………………… 28
ソケット…………………………… 159

〈タ　行〉

帯域使用率………………………… 40
帯域占有率………………………… 40
端末エミュレーション…………… 162
通信経路…………………………… 130
通信制御…………………………… 35
通信帯域…………………………… 39
通信媒体…………………………… 16
通信パケット……………………… 31
通信プロトコル…………………… 7, 44
通信ポート………………………… 17
通信メディア……………………… 16
テキスト端末……………………… 160
データグラム型通信……………… 34
データ転送装置…………………… 16
データ配送………………………… 37
データリンク……………………… 16
データリンク通信………………… 28
デフォルトゲートウェイ………… 99, 106
電子メール………………………… 168
電子メールアドレス……………… 170
同　　期…………………………… 35
同期制御…………………………… 57
動的ルーティング………………… 130
ドキュメントルートディレクトリ… 187
トークンパッシング方式………… 62
ドメイン…………………………… 145
ドメイン名………………………… 13, 146
トレイラ…………………………… 31

〈ナ 行〉

名前解決 … 148
ネクストホップ … 104
ネットワークアーキテクチャ … 43
ネットワークアプリケーションソフトウェア
 … 4, 156
ネットワークトポロジー … 21, 143
ネットワーク IP アドレス … 93
ネームサーバー … 148
ノード … 89

〈ハ 行〉

ハイパーリンク … 185
パケットフロー … 32
パケットロス … 33, 117
バックボーン … 25
バッファー … 32
パディング … 102
パリティ検査ビット … 60
搬送波 … 56, 81
半二重通信 … 58
汎用ドメイン … 147
ピア … 44
ピアリング … 140
光ケーブル … 68
ビットエラー … 59
ファイルマネジャー … 166
フィルタリング … 171
フォルダー … 166
フォワーディングテーブル … 70
副層 … 55
ふくそう制御 … 127
プライマリーサーバー … 170
プラグイン … 192
プラットホーム … 195
プリアンブル … 57
ブリッジ … 18
フルメッシュ … 21
フレーム … 53
フロー … 32
フロー制御 … 35, 126
プロセス … 112, 158
ブロードキャスト … 30
ブロードキャストアドレス … 98
プロトコルスタック … 46
ブロードバンド伝送 … 56
プロバイダ … 6
分散 DB システム … 149
ベイジアンフィルタ … 171
ペイロード … 31
ベストエフォート型通信 … 33
ベースバンド信号 … 56
ベースバンド伝送 … 56
ヘッダー … 31
ヘッダーチェックサム … 103, 105
ベンダーアドレス … 54
ベンダー識別子 … 13
ベンダー内アドレス … 54
ホスト … 16
ホスト間通信 … 28
ホップ … 104
ホップ数 … 132
ポート … 112
ポート番号 … 105, 113
ボトルネックリンク … 40
ポリシールーティング … 140

〈マ 行〉

マークアップ言語 … 188
マルチキャスト … 30
マンチェスター符号化 … 69
無限カウント … 135
無線 LAN … 76
メディア共有型データリンク … 61
メディアコンバーター … 20
メディア非共有型データリンク … 61
メトリック … 138

〈ヤ 行〉

ユーザー認証 … 161
ユニキャスト … 30

〈ラ 行〉

ラウンドトリップタイム … 109
ラストワンマイル問題 … 77

リゾルバ……………………… *149*	ルートドメイン…………………… *146*
リピーター …………………… *20*	ルートネームサーバー…………… *148*
リモートホスト………………… *162*	ループバックアドレス…………… *99*
リンク状態 DB ………………… *138*	レジストラ………………………… *146*
ルーター ……………………… *18, 24*	ローカルホスト…………………… *162*
ルーティング……………… *19, 106, 130*	ログイン…………………………… *161*
ルーティングテーブル………… *106*	

〈著者紹介〉

原山　美知子　（はらやま　みちこ）
　1984 年　東京大学大学院工学系研究科博士課程修了（工学博士）
　1985 年　富士通エフ・アイ・ピー株式会社 AI 開発部
　1991 年　岐阜大学 工学部電気電子学科・情報コース 助手
　1996 年　岐阜大学 総合情報処理センター 助教授
　2003 年　岐阜大学 工学部人間情報システム工学科 助教授
　2013 年　岐阜大学 工学部電気電子・情報工学科情報コース 准教授
　2022 年　岐阜大学 工学部電気電子・情報工学科情報コース フェロー 現在に至る
　専門分野　情報ネットワーク
　著　書　「Advanced コンピュータネットワーク」(2018) 共立出版

シリーズ 知能機械工学 ⑤
インターネット工学

2014 年 11 月 25 日　初版 1 刷発行
2024 年 3 月 1 日　初版 5 刷発行

検印廃止

著　者　原山　美知子　©2014
発行者　南條　光章
発行所　共立出版株式会社

　〒112-0006　東京都文京区小日向 4 丁目 6 番 19 号
　電話　03-3947-2511
　振替　00110-2-57035
　URL　www.kyoritsu-pub.co.jp

一般社団法人
自然科学書協会
会員

印刷：横山印刷／製本：協栄製本
NDC 547 / Printed in Japan

ISBN 978-4-320-08181-9

[JCOPY] <出版者著作権管理機構委託出版物>
本書の無断複製は著作権法上での例外を除き禁じられています．複製される場合は，そのつど事前に，出版者著作権管理機構（TEL：03-5244-5088，FAX：03-5244-5089，e-mail：info@jcopy.or.jp）の許諾を得てください．

シリーズ 知能機械工学

編集委員代表 川崎晴久

「知能機械工学」は，機械・電気電子・情報を統合した新しい学問領域である．本シリーズは，知能機械工学における情報工学，制御工学，シミュレーション工学，ロボット工学などの基礎的な科目を学生に分かりやすく解説したテキストである．

【各巻】A5判・並製
税込価格

❶ 生産技術と知能化
山本秀彦著
モノ作り自動化の歴史／工作機械の自動化／生産技術／生産管理システム／生産に用いられる探索手法／自律分散型FMSの実現／他
150頁・定価2970円・ISBN978-4-320-08177-2

❷ 情報工学の基礎
谷　和男著
情報と情報量／集合／命題論理（Ⅰ）：意味論／ブール代数／命題論理（Ⅱ）：公理系／述語論理／有限状態機械／パターン認識（Ⅰ）：パターン空間法／他
160頁・定価2860円・ISBN978-4-320-08178-9

❸ 現代制御
山田宏尚・矢野賢一・毛利哲也・遠藤孝浩著
状態方程式／状態方程式の解と安定性／可制御性・可観測性／実現問題／状態変数変換と正準形式／状態フィードバックと極配置／最適レギュレータ／他
208頁・定価3080円・ISBN978-4-320-08179-6

❹ ロボティクス モデリングと制御
川崎晴久著
剛体の位置と姿勢／ロボットの運動学／ロボットの手先速度と静力学／ロボットの動力学／ロボットの軌道計画／ロボットの位置姿勢制御／他
192頁・定価3080円・ISBN978-4-320-08180-2

❺ インターネット工学
原山美知子著
インターネットの概要／ネットワークの構造／インターネット通信の基礎／通信のモデル／データリンク通信の基礎／ケーブルデータリンク／他
224頁・定価3080円・ISBN978-4-320-08181-9

❻ ディジタル信号処理
毛利哲也著
ディジタル信号／信号処理システム／システムの伝達関数／信号の周波数解析とサンプリング定理／高速フーリエ変換／ディジタルフィルタ／他
192頁・定価3080円・ISBN978-4-320-08182-6

❼ 計算機システム基礎
山田宏尚・毛利哲也著
コンピュータシステムとは／データの表現／論理関数／論理回路／CPUの構造と動作／命令の種類とプログラム／付録：アセンブラ言語の仕様／他
164頁・定価2860円・ISBN978-4-320-08225-0

❽ シミュレーションと数値計算の基礎
山田宏尚・大坪克俊著
シミュレーションの基礎／数値計算と誤差／非線形方程式の解法／他
220頁・定価3190円・ISBN978-4-320-08226-7

（価格は変更される場合がございます）

共立出版　www.kyoritsu-pub.co.jp